电池储能电站
能量管理与监控技术

主　编　刘明义
副主编　宋　驰　曹　曦　姚春琴

中国电力出版社
CHINA ELECTRIC POWER PRESS

内 容 提 要

随着我国储能技术的高速发展，对储能技术起重要支撑作用的储能 EMS 越发重要。本书详细介绍了储能 EMS 的发展、重要组成、基本功能、控制策略，并且结合实际项目对储能 EMS 的功能做了详细阐述。本书遵循理论分析与实例仿真相结合的原则，以期为广大读者提供借鉴。

本书可供从事储能技术研究的科研工作者参考使用，也可作为高等院校相关专业广大师生的参考用书。

图书在版编目（CIP）数据

电池储能电站能量管理与监控技术 / 刘明义主编. -- 北京：中国电力出版社，2022.1（2025.1 重印）
ISBN 978-7-5198-6311-1

Ⅰ.①电… Ⅱ.①刘… Ⅲ.①电池—储能—电站—电力监控系统②电池—储能—能量管理系统 Ⅳ.① TM62

中国版本图书馆 CIP 数据核字（2021）第 263430 号

出版发行：中国电力出版社
地　　址：北京市东城区北京站西街 19 号（邮政编码 100005）
网　　址：http://www.cepp.sgcc.com.cn
责任编辑：宋红梅（010-63412383）
责任校对：黄　蓓　王海南　董艳荣
装帧设计：赵丽媛
责任印制：吴　迪

印　　刷：北京锦鸿盛世印刷科技有限公司
版　　次：2022 年 1 月第一版
印　　次：2025 年 1 月北京第四次印刷
开　　本：787 毫米 ×1092 毫米　16 开本
印　　张：11.75
字　　数：263 千字
印　　数：3301-3800 册
定　　价：72.00 元

本书编委会

主　编　刘明义

副主编　宋　驰　曹　曦　姚春琴

参　编　裴　杰　曹传钊　刘大为　辛　磊　王　昉　刘　娜
徐若晨　朱　勇　雷浩东　颜云岭　荆　鑫　宋吉硕
孙周婷　王　宁　韦　宇　陈文博　姚　帅　李　昊
杨晓峰　王　晶　孔　源　张　伟　张恩元　吴沛森
李杰正　吕　剑　冯伯瑾

前　言

近几年，在能源供给与环境问题的双重压力下，中共中央国务院、国家能源局、国家发展改革委等相继出台了一系列强有力的政策文件，明确提出储能技术在智能电网发展中的重要地位。

储能能量管理系统（Energy Management System，EMS）是储能技术的重要一环。储能 EMS 运用自动化、信息化等专业技术，对企业能源供应、存储、输送和消耗等环节实施集中扁平化的动态监控和数字化管理，从而实现能源预测、平衡、优化和系统节能降耗的管控一体化。储能 EMS 是在电网调度控制中心应用的在线分析、优化和控制的计算机决策系统，是电网运行的神经中枢和调度指挥司令部，是大电网的智慧核心，是专门应用于储能电站监控管理及多种能源协调控制的计算机管理系统。

本书从储能 EMS 发展背景入手，从储能 EMS 的重要组成、基本功能、关键设备、通信技术、应用案例等方面展开，全面介绍了储能 EMS。

本书共 15 章。第 1 章介绍了储能技术的发展现状、在智能电网中的重要作用。第 2 章介绍了电化学储能技术的分类、组成和发展。第 3 章介绍了储能 EMS 的历史发展、作用总括、开发要求和原则、系统架构、硬件组成、软件组成。第 4 章介绍了储能 EMS 基本功能。第 5 章 ~ 第 12 章分别介绍了对时装置、协调控制器、网荷智能控制终端、调度数据网及二次安全防护设备、智能辅助监控系统、储能 EMS 控制策略、储能集装箱内监控设备和储能 EMS 通信系统的相关技术知识。第 13 章以华能储能 EMS 为例，详细阐述了储能 EMS 的具体功能。第 14 章介绍了储能 EMS 投运前调试和运行维护，以及就地监控调试。第 15 章展示了电源侧、电网侧、用户侧的储能 EMS 的实际案例。附录介绍了储能 EMS 相关标准。

希望通过本书，使广大读者对储能 EMS 涉及的技术、机制和工程实践有全面的了解，并期待得到同行的宝贵建议和意见，为下一步深化推广应用储能 EMS 提供有益的帮助，共同推进我国储能技术的发展。

由于编写时间仓促，编者水平有限，书中难免有疏漏和不足之处，恳请读者批评指正。

编　者

2021 年 11 月

目　录

1 概述

储能主要是指能量的储存。能量有多种形式，包括化学能、重力势能、电能、热能和机械能等。储能涉及将难以储存的能量转换成更便利或经济可存储的形式。储存的能量既可以用作应急能源；也可以用于电网削峰填谷，减轻电网波动等。大容量储能方式目前主要由抽水蓄能来实现。

除抽水蓄能外，主要的储能技术主要还有物理储能（压缩空气储能、飞轮储能等）、化学储能（如钠硫电池、全钒液流电池、铅酸电池、锂离子电池、超级电容器等）、电磁储能和相变储能等几类。

1.1 双碳目标下：储能发展进入快车道

根据 IPCC 特别报告《全球变暖 1.5℃》，碳中和（carbon-neutral）定义如下：当一个组织在一年内的二氧化碳（CO_2）排放通过二氧化碳去除技术应用达到平衡，就是碳中和或净零二氧化碳排放。

推动使用可再生能源，以改善因燃烧化石燃料而排放到大气中的二氧化碳；最终目标是大量使用可再生能源，而非化石燃料，使碳的排放与吸收达到平衡。

1.1.1 碳中和的国际形势

温室气体排放是造成气温升高的主要原因。2015 年 12 月，《巴黎气候协定》正式签署，其核心目标是在 21 世纪前将全球气温上升控制在 1.5℃以内，低于工业革命前气温上升 2℃值。要实现这一目标，全球温室气体排放需要在 2030 年之前减少一半，在 2050 年左右达到净零排放，即碳中和。为此，很多国家、城市和国际大企业做出了碳中和承诺并展开行动，全球应对气候变化行动取得积极进展。

1.1.2 碳中和的国内形势

习近平主席在 2020 年 9 月 22 日召开的 75 届联合国大会上表示：“中国将提高国家自主贡献力度，采取更加有力的政策和措施，二氧化碳排放力争于 2030 年前达到峰值，争取在 2060 年前实现碳中和。”中国作为全球最大的煤电大国（约占全球煤电总量的一半），从碳达峰到碳中和的缓冲时间只有 30 年（欧盟是 65~70 年），这无疑是一个极大的挑战。

在提出“3060”的目标及愿景之后，习近平主席在气候雄心峰会上承诺：到 2030 年，中国单位国内生产总值二氧化碳排放将比 2005 年下降 65% 以上，非化石能源占一次能源消费比重将达到25%左右，森林蓄积量将比2005年增加60亿m^3，风电、太阳能发电总装机容量将达到12亿kW以上。

这一发言表明了我国实现“3060”目标的决心，尽显大国担当，也再一次鼓舞了风电、光伏等新能源从业者的信心，全国31个省市区、六大能源中央企业纷纷响应，发布一揽子碳达峰、碳中和相关规划，为这场全球性质的“碳中和”竞赛注入动力。

在今年的政府工作报告中，“做好碳达峰、碳中和工作”被列为2021年重点任务之一；“十四五”规划也将加快推动绿色低碳发展列入其中。

可以预见，碳达峰与碳中和将引领能源革命，带动水电、核电、风电、太阳能、生物质能、地热以及储能、新能源汽车等技术领域和综合能源服务、智能电网、微网、虚拟电厂等新业态进一步发展。

由于储能是支持可再生能源发展的关键技术，在实现能源、交通全面低碳化的进程中，面对高比例可再生能源和波动性电力负荷带来的挑战，储能技术是迫切需要突破的瓶颈。

1.2 储能技术是智能电网的重要支撑

储能技术在电源侧、可再生能源并网、电网侧、辅助服务、用户侧领域都有普遍应用。智能电网中储能技术应用分类如表1-1所示。

表1-1 智能电网中储能技术应用分类

名称	应用
电源侧	辅助动态运行，取代或者延缓新建机组等
可再生能源并网	解决弃风弃光，跟踪计划出力，平滑输出等
电网侧	延缓输电网的升级与增容，延缓输电系统阻塞等
辅助服务	调频、调峰和作为备用容量等
用户侧	分时电价管理，容量费用管理，提高供电质量和可靠性，提高分布式能源就地消纳等

1.2.1 储能技术对于电源侧的作用

在传统发电领域，储能主要应用于辅助动态运行、取代或延缓新建机组。

（1）辅助动态运行。为了保持负荷和发电之间的实时平衡，火电机组的输出需要根据调度的要求进行动态调整。动态运行会使机组部分组件产生蠕变，造成这些设备受损，会降低机组的可靠性，增加维护和检修的费用，最终降低整个机组的使用寿命。储能技术具备快速响应速度，将储能装置与火电机组联合作业，用于辅助动态运行，可以提高火电机组的效率，避免对机组的损害，减少设备维护和更换的费用。

（2）取代或延缓新建机组。随着电力负荷的增长和老旧发电机组的淘汰，为了满足电力客户的需要和应对尖峰负荷，需要建设新的发电机组。利用储能技术即在负荷低的时候，通过原有的高效机组给储能系统充电，在尖峰负荷时储能系统向负荷放电。我国起调峰作用的往往是煤电机组，而这些调峰煤电机组要为负荷尖峰留出余量，经常不能满发，这就影响了机理经济性。储能技术较好地解决了此类问题。

1.2.2 储能技术对于集中式可再生能源并网的作用

在集中式可再生能源并网领域，储能主要应用于解决弃风、弃光，跟踪计划出力，平滑输出。

（1）解决弃风、弃光。风力发电和光伏发电的发电功率波动性较大，特别在一些比较偏远的地区，电网常常会出现无法把风电和光电完全消纳的情况。应用储能技术可以减小或避免弃风、弃光。在可再生能源发电场站侧安装储能系统，在电网调峰能力不足或输电通道阻塞的时段，可再生能源发电场站的出力受限，储能系统存储电能，缓解输电阻塞和电网调峰能力限制。在可再生能源出力水平低或不受限的时段，储能系统释放电能，提高可再生能源场站的上网电量。

（2）跟踪计划出力，平滑输出。大规模可再生能源并入电网时，出力情况具有随机性、波动性，使得电网的功率平衡受到影响，因此需要对发电功率进行预测，以便合理安排发电计划、缓解电网调峰压力、降低系统备用容量、提高电网对可再生能源的接纳能力。通过在集中式可再生能源发电场站配置较大容量的储能系统，基于场站出力预测和储能充放电调度，实现场站与储能联合出力对出力计划的跟踪，平滑出力，满足并网要求，提高可再生能源发电的并网友好性。

就全球储能市场而言，集中式可再生能源并网是最主要的应用领域。在国外，日本是典型的将储能主要应用于集中式可再生能源并网的国家之一。集中式可再生能源并网是日本推动储能参与能源清洁利用的主要方式，北海道等解决弃光需求较强烈的地区，以及福岛等需要灾后重建的地区成为储能应用的重点区域。目前，在集中式可再生能源并网中应用储能，已经开始在全国推广应用。

1.2.3 储能技术对于电网侧的作用

储能系统在输电网中的应用主要包括以下两方面：一是作为输电网投资升级的替代方案（延缓输电网的升级与增容），二是提高关键输电通道、断面的输送容量或提高电网运行的稳定水平。在输电网中，负荷的增长和电源的接入（特别是大容量可再生能源发电的接入）都需要新增输变电设备、提高电网的输电能力。然而，受用地、环境等问题的制约，输电走廊日趋紧张，输变电设备的投资大、建设周期长，难以满足可再生能源发电快速发展和负荷增长的需求。大规模储能系统可以作为新的手段，安装在输电网中以提升电网的输送能力，降低对输变电设备的投资。

储能系统在配电网中的作用更加多样化。与在输电网的应用类似，储能接入配电网可以减少或延缓配电网升级改造的投资。分布在配电网中的储能系统也可以在相关政策和市场规则允许的条件下为大电网提供调频、备用等辅助服务。除此之外，储能系统的配置还可提高配电网运行的安全性、经济性、可靠性和接纳分布式电源的能力等。

1.2.4 储能技术对于辅助服务的作用

在电力辅助服务领域，储能主要应用于调频、调峰和提供备用容量辅助服务等方面。

（1）调频。电力系统频率是电能质量的主要指标之一。实际运行中，当电力系统中原动机的功率和负荷功率发生变化时，必然会引起电力系统频率的变化。频率的偏差不利于用电和发电设备的安全、高效运行，有时甚至会损害设备。因此，在系统频率偏差超出允许范围后，必须进行频率调节。调频辅助服务主要分为一次调频和二次调频。储能设备非常适合提供调频服务。与传统发电机组相比，储能设备提供调频服务的最大优点是响应速度快，调节速率大，动作正确率高。

（2）调峰。电力系统在实际运行过程中，总的用电负荷有高峰低谷之分。由于高峰负荷仅在一天的某几个时段出现，因此，需要配备一定的发电机组在高峰负荷时发电，满足电力需求，实现电力系统中电力生产与电力消费的平衡。当电力负荷供需紧张时，储能可向电网输送电能，协助解决局部缺电问题。抽水蓄能是目前完全实现商业化的储能技术，调峰是抽水蓄能电站一个主要的应用功能。

（3）提供备用容量辅助服务。备用容量指电力系统除满足预计负荷需求外，在发生事故时，为保障电能质量和系统安全稳定运行而预留的有功功率储备。备用容量可以随时被调用，并且输出负荷可调。储能设备可以为电网提供备用辅助服务，通过对储能设备进行充放电操作，可实现调节电网有功功率平衡的目的。和发电机组提供备用辅助服务一样，储能设备提供备用辅助服务，也必须随时可被调用，但储能设备不需要一直保持运行，即放电或充电状态只需在需要使用时能够被立即调用即可，因此经济性较好。此外，在提供备用容量辅助服务时，储能还可以提供其他的服务，如削峰填谷、调频、延迟输配线路升级等。

从全球来看，辅助服务是储能的主要应用之一。得益于政策推动，近几年储能在我国辅助服务市场的应用越来越广泛。

1.2.5 储能技术对于用户侧的作用

在用户侧，储能主要应用于分时电价管理、容量费用管理、提升用户的供电质量和可靠性、提高分布式能源就地消纳等方面。

（1）分时电价管理。电力系统中随着时间的变化用电量会出现尖峰、高峰、平段、低谷等现象，电力部门对各时段制定不同电价，即分时电价。在实施分时电价的电力市场中，储能是帮助电力用户实现分时电价管理的理想手段。低电价时给储能系统充电，高电价时储能系统放电，通过低存高放降低用户的整体用电成本。

（2）容量费用管理。在电力市场中，存在电量电价和容量电价。电量电价指的是按照实际发生的交易电量计费的电价，具体到用户侧，则指的是按用户所用电量数计费的电价。容量电价则主要取决于用户用电功率的最高值，与在该功率下使用的时间长短以及用户用电总量都无关。使用储能设备为用户最高负荷供电，还可以降低输变电设备容量，减少容量费用，节约总用电费用，此功能主要面向工业用户。

（3）提升用户的电能质量和可靠性。传统的供电体系网络复杂，设备负荷性质多变，用户获得的电能质量（电压、电流和频率等）具有一定的波动性。用户侧安装的储能系统服务对象明确，其相对简单和可靠的组成结构保证输出更高质量的电能。当电网异常发生电压暂降或中断时，可改善电能质量，解决闪断现象；当供电线路发生故障时，可确保重要用电负荷不间断供电，从而提高供电的可靠性和电能质量。

（4）提高分布式能源就地消纳水平。对于工商业用户，在其安装有可再生能源发电装置的厂房、办公楼屋顶或园区内投资储能系统，能够平抑可再生能源发电出力的波动性、提高电能质量，并利用峰谷电价差套利。对于安装光伏发电的居民用户，考虑到光伏在白天发电，而居民用户一般在夜间负荷较高，配置家庭储能可更好地利用光伏发电，甚至实现电能自给自足。此外，在配电网故障时，家庭储能还可继续供电，降低电网停电影响，提高供电可靠性。

在国外，德国等发达国家是用户侧储能商业模式发展最为先进的国家之一。在区块链技术、云技术以及多元化商业模式的带动下，预计短期内发达国家用户仍将引领全球用户侧储能市场的发展。在国内，用户侧储能也是持续保持高增长的一个领域。安装于工商业用户端的储能系统是我国用户侧储能的主要形式，可以与光伏系统联合使用，又可以独立存在，主要应用于电价管理，帮助用户降低电量电价和容量电价。随着电价改革的推行，特别是随着各地的峰谷电价差越来越大，用户侧储能会越来越普及。

2 电化学储能技术

2.1 电化学储能技术简介

化学储能主要包括铅酸电池、钠硫电池、锂离子电池和液流电池等。各种电化学储能技术的特点和应用场合如表 2-1 所示。

表 2-1　各种电化学储能技术的特点和应用场合

种类	典型额定功率	额定功率下的放电时间	特点	应用场合
铅酸电池	几千瓦至几万千瓦	几分钟至几小时	技术成熟，成本低，寿命短，存在环保问题	备用电源，黑启动
液流电池	0.05~100MW	1~20h	寿命长，可深度放电，便于组合，环保性能好，储能密度稍低	备用电源，能量管理，平滑可再生能源功率波动
钠硫电池	0.1~100MW	数小时	比能量与比功率高。在高温条件下运行安全问题有待改进	电能质量控制，备用电源，平滑可再生能源功率波
锂离子电池	几千瓦至几万千瓦	几分钟至几小时	比能量高，循环特性好，成组寿命有待提高，安全问题有待改进	电能质量控制，备用电源，平滑可再生能源功率波动

2.1.1　铅酸电池

铅酸电池是电极主要由铅制成，电解液是硫酸溶液的一种蓄电池。铅酸电池一般分为开口型电池及阀控型电池两种，具有价格低廉、原料易得、性能可靠、容易回收和适于大电流放电等特点。1986 年，德国建成了世界第一个铅酸电池储能电站，经过多年的发展，在传统铅酸电池的基础上，阀控式密封铅酸电池也被研制出来，因此大大推动了铅酸电池的发展。近年来，新型的铅酸电池，如卷绕式电池、铅炭电池、双极性电池等正在快速发展，特别是铅炭电池，在国内工商业领域得到应用。

2.1.2　钠硫电池

钠硫电池以钠和硫分别作为负极和正极，β 氧化铝陶瓷同时起隔膜和电解质的双重作用。目前研发的单体电池最大容量达到 650Ah，功率在 120W 以上，可组合后形成模块直接用于储能。钠硫电池在国外已是技术相对成熟的储能电池，实际使用寿命可达10~15年。

2.1.3 液流电池

液流电池是正负极活性物质均为液态流体氧化还原电对的一种电池。液流电池主要包括溴化锌、氯化锌、多硫化钠溴和全钒液流电池等多种体系。其中，全钒液流电池已经成为液流电池体系的主流。

2.1.4 锂离子电池

锂离子电池的工作原理：锂离子电池的正极活性物质由锂的活性化合物组成，负极活性物质则为碳材料。锂离子电池是利用 Li^+ 在正负极材料中嵌入和脱嵌，从而完成充放电过程的反应。

使用磷酸铁锂为正极材料的锂电池由于成本优势明显，正逐步成为锂离子电池的主要发展方向。锂离子电池已成为目前世界上大多数汽车企业的首选目标和主攻方向。

2.2 电化学储能电站组成

完整的电化学储能电站主要由电池组、电池管理系统（Battery Management System，BMS）、EMS、储能变流器（Power Conversion System，PCS）以及其他电气设备构成。电池组是储能系统最主要的构成部分；电池管理系统主要负责电池的监控、评估、保护以及容量均衡等；能量管理系统负责数据采集、网络监控和能量调度等；储能变流器可以控制储能电池组的充电和放电过程，进行交直流的变换。电池储能系统的组成如图 2-1 所示。

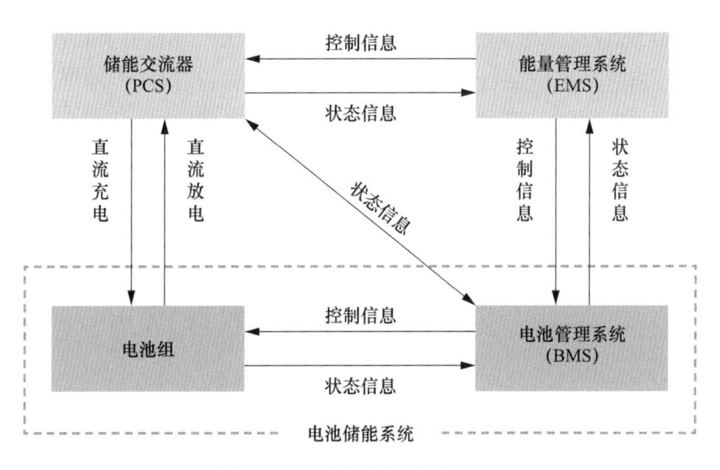

图 2-1　电池储能系统的组成

2.2.1 电池组

储能系统所使用的能量型电池与功率型电池有所区别。功率型电池爆发力好，短时间

内可以释放大功率；而能量型电池能量密度高，一次充电可以提供更长的使用时间。

能量型电池的另一个特点是寿命长，这一点对储能系统是至关重要的。消除昼夜峰谷差是储能系统的主要应用场景，而产品使用时间直接影响到项目收益。

2.2.2 电池管理系统

可以将电池管理系统看作电池系统的司令官，它是电池与用户之间的纽带，主要是为了提高电池的利用率，防止电池出现过度充电和过度放电。

当电池充满电时，能保证各单体电池之间的电压差异小于设定值，实现电池组各单体电池的均充，有效地改善串联充电方式下的充电效果。同时检测电池组中各个单体电池的过电压、欠电压、过电流、短路、过温状态，保护并延长电池使用寿命。

BMS 应以安全作为设计初衷，遵循“预防为主，控制保障”的原则，系统性地解决储能电池系统的安全管控。

2.2.3 储能变流器

储能变流器可以实现电池与电网间的交直流转换，完成两者间的双向能量流动，并通过控制策略实现对电池系统的充放电管理、网测负荷功率跟踪、电池储能系统充放电功率控制和正常及孤岛运行方式下网测电压的控制；具有高转换效率、宽电压输入范围、快速并离网切换和方便维护等特点，同时具备完善的保护功能，如孤岛保护、直流过电压保护和低电压穿越（可选）等，满足系统并、离网要求。

2.2.4 能源管理系统

能源管理系统主要是对电站的实时运行状态信息进行监控，包括系统功率曲线、电池电压温度信息、累计处理电量信息及其他约定的监测信息，并且可以在服务器中建立远程监控软件，能够远程控制及下载数据，能够实时报警，并传输到指定手机上。

EMS 是为了将储能系统内各子系统的信息进行汇总，全方位地掌控整套系统的运行情况，并作出相关决策，保证系统安全运行。EMS 可以将数据上传至云端，为运营商的后台管理人员提供运营工具。同时，EMS 还负责与用户进行直接的交互。用户的运行维护人员可通过 EMS 实时查看储能系统的运行情况，做到实施监管。

2.3 电化学储能技术发展

2.3.1 电化学储能市场空间广阔

电化学储能技术尽管已有 200 多年历史，但从来没有一个历史时期比 21 世纪更引人注目。电化学储能技术共有上百种，根据其技术特点，适用的场合也不尽相同。其中，锂离子电池一经问世，就以其高能量密度的优势席卷整个消费类电子市场，并迅速进入交通领域，成为支撑新能源汽车发展的支柱技术。与此同时，全钒液流电池、铅炭电池等技术经过多年的实践积累，正以其突出的安全性能和成本优势，在大规模固定式储能领域快速拓展应用。此外，钠离子电池、锌基液流电池、固态锂电池等新兴电化学储能技术相继出现，并以越来越快的速度实现从基础研究到工程应用的跨越。

目前，电化学储能技术水平不断提高、市场模式日渐成熟、应用规模快速扩大。未来，伴随着全球可再生能源的大规模发展以及对电力系统要求的不断提高，电化学储能技术在电力系统的应用空间更为广阔。根据 IHS（美国信息处理服务公司）的预测，2019—2023 年全球电力系统电化学储能新增装机规模年均复合增长率达 53.0%。此外，通信基站、轨道交通和数据中心等其他储能应用需求也将呈现快速增长态势。根据 GGII（高工产业研究院）的预测，随着 5G 建设加速及海外需求增加，中国通信储能锂电池市场将保持高速增长，2022 年出货量将达 21.2GWh，2019—2022 年年均复合增长率为 52.3%。

2.3.2 储能技术期待突破

储能市场的迅速发展有赖于储能技术的革新带动成本下降和性能提升。随着电化学储能的规模化推广和应用，电池系统的性能和成本逐渐成为影响行业快速发展的瓶颈问题，未来需要在电池材料、制造工艺、系统集成及运行维护等方面实现技术突破，降低制造和运行成本。

2.3.3 配套技术打开市场

当前，围绕高安全、长寿命和低成本的目标，世界各国都在制定研发计划提升本国的电池研发和制造能力。根据国际可再生能源机构的预计，到 2030 年，储能电池成本将在 2016 年基础上降低 50%~70%，同时无严重损耗下的使用期限和充电次数将明显提升。随着电池储能技术的不断创新发展，未来将加速向各应用领域渗透，具有巨大的发展潜力和广泛的应用前景。长远来看，开放、规范、完善的电力市场是储能真正发挥优势的舞台。依托自由化的电力市场，储能在美国辅助服务市场的应用一直引领着全球储能辅助服务市场的发展。未来，世界各国的储能配套政策将加快推进电力现货市场、辅助服务市场等市场建设进度，通过市场机制体现电能量和各类辅助服务的合理价值，给储能技术提供发挥优势的平台。

目前，我国辅助服务市场依然处于探索期，有利于储能发挥技术优势的电力市场机制尚未形成，关于电力辅助服务定价、交易机制的地方政策尚未完善。但随着我国电力体制改革的深入、储能政策的发布，政策支持对储能发展已经初见成效。储能参与电力辅助服务和用户侧储能参与电力需求响应将实现储能系统的价值叠加，为其可赢利的商业化发展奠定基础。

2.3.4 储能政策密集出台

2021 年以来，储能相关政策密集出台，在市场需求日益增长的背景下，动力电池企业纷纷向储能领域扩张，包括新能源整车、上游锂电材料在内的上市公司都在加速扩张产能。新型储能市场蓄势待发。

从2021年4月开始，国家发展改革委、国家能源局等部委陆续出台了一系列与储能有关的政策措施，具体如下：

4月19日，国家能源局印发关于《2021年能源工作指导意见》的通知，指出要稳步有序推进储能项目试验示范。在确保电网安全的前提下，推进电力源网荷储一体化和多能互补发展。推动新型储能产业化、规模化示范，促进储能技术装备和商业模式创新。《指导意见》明确大力发展非化石能源。研究出台关于促进新时代新能源高质量发展的若干政策。国家能源局印发《关于2021年风电、光伏发电开发建设有关事项的通知》，明确2021年风电、光伏发电量占全社会用电量的比重达到11%左右。扎实推进主要流域水电站规划建设，按期建成投产白鹤滩水电站首批机组。在确保安全的前提下积极有序发展核电。推动有条件的光热发电示范项目尽早建成并网。研究启动在西藏等地的地热能发电示范工程。有序推进生物质能开发利用，加快推进纤维素等非粮生物燃料乙醇产业示范。

4月25日，国家能源局综合司向各省市发展改革委及能源局印发《关于报送"十四五"电力源网荷储一体化和多能互补工作方案的通知》，就"碳达峰、碳中和"目标下推动电力源网荷储一体化和多能互补工作给出指导意见。《通知》鼓励"风光水（储）""风光储"一体化，充分发挥流域梯级水电站、具有较强调节性能水电站、储热型光热电站、储能设施的调节能力，汇集新能源电力，积极推动"风光水（储）""风光储"一体化。

5月18日，国家发展改革委印发《关于"十四五"时期深化价格机制改革行动方案的通知》。《通知》提出，"十四五"时期深化价格机制改革，重点围绕助力"碳达峰、碳中和"目标实现，促进资源节约和环境保护，提升公共服务供给质量，更好保障和改善民生，深入推进价格改革，持续深化燃煤发电、燃气发电、水电、核电等上网电价市场化改革，完善风电、光伏发电、抽水蓄能价格形成机制，完善价格调控机制，提升价格治理能力。到2025年，竞争性领域和环节的价格主要由市场决定，网络型自然垄断环节科学定价机制全面确立，能源资源价格形成机制进一步完善，重要民生商品价格调控机制更加健全，公共服务价格政策基本完善，适应高质量发展要求的价格政策体系基本建立。

5月28日，生态环境部、商务部、国家发展改革委、住房和城乡建设部、中国人民银行、海关总署、国家能源局、国家林业和草原局联合发布《关于加强自由贸易试验区生态环境保护推动高质量发展的指导意见》，指出推动新型储能产业化、规模化示范，促进储能技术装备和商业模式创新。

6月22日，国家能源局发布《新型储能项目管理规范（暂行）（征求意见稿）》向社会公开征求意见。该规范适用于除抽水蓄能外的以输出电力为主要形式的储能项目。该规范从规划引导、备案建设、并网运行、检测监督等环节对储能项目的行政管理、质量管理和安全管理做出了规定。

7月4日，工业和信息化部印发《新型数据中心发展三年行动计划（2021—2023年）》的通知。《通知》要求加快先进绿色技术产品应用。支持探索利用锂电池、储氢和飞轮储能等作为数据中心多元化储能和备用电源装置，加强动力电池梯次利用产品推广应用。

7月15日，国家发展改革委、国家能源局印发《关于加快推动新型储能发展的指导意见》。《指导意见》是解决新型储能发展新阶段突出矛盾的客观需要和重要应对举措。

《指导意见》的主要目标是到2025年，实现新型储能从商业化初期向规模化发展转变，装机规模达3000万kW以上，新型储能在推动能源领域“碳达峰、碳中和”过程中发挥显著作用；到2030年，实现新型储能全面市场化发展。

《指导意见》给出了加快推动新型储能发展的重点任务和实施路径。在包括规划引导、技术进步、政策机制、行业管理、组织领导等方面，对“十四五”乃至“十五五”我国储能行业的发展提供了重要的指导和依据。

《指导意见》为后继地方政策以及细则性政策出台提供了方向性指导。首次明确了多项具体举措，将有力推动储能行业的发展。包括开展储能专项规划、坚持储能多元化技术创新与示范、明确新型储能独立市场主体地位、健全新型储能价格机制、明确储能备案并网流程、健全储能技术标准与管理体系等有力举措。

《指导意见》明确了组织领导和监督保障的主体责任。国家发展改革委、国家能源局负责牵头构建储能高质量发展体制机制，协调有关部门共同解决重大问题；各省级能源主管部门负责分解落实新型储能发展目标，制定新型储能发展方案；同时鼓励各地开展先行先试，加快新型储能技术和重点区域试点示范；逐步建立储能闭环监管机制，适时组织开展专项监管工作；督促地方明确新型储能产业链各环节安全责任主体，有效提升安全运行水平。

7月16日，国家能源局综合司印发《化学储能电站项目督导检查工作方案》的通知。通知要求，检查化学储能电站项目的安全管理情况，具体检查事项包括关键设备质量、电站设计、电站施工、电站运行维护、电站并网、安全生产管理等。

7月17日，国家发展改革委印发《关于做好2021年能源迎峰度夏工作的通知》。《通知》要求，加强调峰能力建设，提高电力系统灵活性。要加大力度推动抽水蓄能和新型储能加快发展，不断健全市场化运行机制，全力提升电源侧、电网侧、用户侧储能调峰能力。

7月26日，国家发展改革委印发《关于进一步完善分时电价机制的通知》。《通知》要求，明确分时电价机制执行范围。鼓励工商业用户通过配置储能、开展综合能源利用等方式降低高峰时段用电负荷、增加低谷用电量，通过改变用电时段来降低用电成本；《通知》要求，各地结合当地情况积极完善峰谷电价机制，统筹考虑当地电力供需状况、新能源装机占比等因素，科学划分峰谷时段，合理确定峰谷电价价差；《通知》指出，要引导用户削峰填谷、改善电力供需状况、促进新能源消纳。

8月10日，国家发展改革委、国家能源局联合发布了《关于鼓励可再生能源发电企业自建或购买调峰能力增加并网规模的通知》，进一步鼓励和推动可再生能源企业的发电端储能应用推广，并将相应成本明确在发电成本中，预计后续将出台电化学储能电

价和发电侧电价市场化的相关政策，这将进一步推动储能推广需求从政策导向转向盈利导向。

9月9日，国家能源局发布《抽水蓄能中长期发展规划（2021—2035年）》。《规划》指出，当前我国正处于能源绿色低碳转型发展的关键时期，风电、光伏发电等新能源大规模高比例发展，对调节电源的需求更加迫切，构建以新能源为主体的新型电力系统对抽水蓄能发展提出更高要求。

《规划》提出了坚持生态优先、和谐共存，区域协调、合理布局，成熟先行、超前储备，因地制宜、创新发展的基本原则。在全国范围内普查筛选抽水蓄能资源站点基础上，建立了抽水蓄能中长期发展项目库。对满足规划阶段深度要求、条件成熟、不涉及生态保护红线等环境制约因素的项目，按照应纳尽纳的原则，作为重点实施项目，纳入重点实施项目库，此类项目总装机规模为4.21亿kW；对满足规划阶段深度要求，但可能涉及生态保护红线等环境制约因素的项目，作为储备项目，纳入储备项目库，这些项目待落实相关条件、做好与生态保护红线等环境制约因素避让和衔接后，可滚动调整进入重点实施项目库，此类项目总装机规模为3.05亿kW。

9月24日，国家能源局印发《新型储能项目管理规范（暂行）的通知》。通知要求，新型储能项目管理坚持安全第一、规范管理、积极稳妥原则，包括规划布局、备案要求、项目建设、并网接入、调度运行、监测监督等环节管理。《通知》要求电网企业应根据新型储能发展规划，统筹开展配套电网规划和建设。对于新型储能项目，电网要公平无歧视地为新型储能项目提供电网接入服务。电网企业应按照积极服务、简捷高效的原则，建立和完善新型储能项目接网程序，向已经备案的新型储能项目提供接网服务。

10月8日，国家能源局发布《电化学储能电站并网调度协议（示范文本）》。为深入贯彻落实党中央、国务院决策部署，助力实现碳达峰、碳中和目标，更好适应电力体制改革，推动构建以新能源为主体的新型电力系统，保障电力系统安全、优质、经济运行，进一步规范发电企业与电网企业的并网调度关系和购售电行为，经商国家市场监督管理总局，国家能源局组织对《并网调度协议（示范文本）》（GF-2003-0512）、《风力发电场并网调度协议（示范文本）》（GF-2014-0516）、《光伏电站并网调度协议（示范文本）》（GF-2014-0518）、《购售电合同（示范文本）》（GF-2003-0511）、《风力发电场购售电合同（示范文本）》（GF-2014-0515）、《光伏电站购售电合同（示范文本）》（GF-2014-0517）进行修订，形成了《并网调度协议（示范文本）》《新能源场站并网调度协议（示范文本）》《购售电合同（示范文本）》，并起草形成了《电化学储能电站并网调度协议（示范文本）》。

我国实现2030年前碳达峰和争取2060年前碳中和的任务艰巨，实现碳达峰和碳中和目标的关键在于能源转型与新型电力系统构建，而新能源发电的间歇性和不稳定性等特点所引发的能源消纳问题日益凸显。新能源装机的增长加大了电网的消纳压力，储能是解决新能源消纳的最佳方案。因此，储能的重要性不言而喻。

中央已经明确要建立以新能源为主体的新型电力系统，新能源装机快速提升，储能的需求量越来越大。

2021 年是储能发展史上具有重要意义的一年，储能行业在政策、发展各方面都将迎来重大突破。在碳达峰和碳中和目标的推动以及国家利好政策的扶持下，储能行业将迎来更加广阔的发展空间。

3 储能 EMS 组成

3.1 储能 EMS 简介

EMS 是运用自动化、信息化等专业技术，对企业能源供应、存储、输送和消耗等环节实施集中扁平化的动态监控和数字化管理，从而实现能源预测、平衡、优化和系统节能降耗的管控一体化系统。EMS 是在电网调度控制中心应用的在线分析、优化和控制的计算机决策系统，是电网运行的神经中枢和调度指挥司令部，是大电网的智慧核心。储能 EMS，是专门应用于储能电站监控管理及多种能源协调控制的计算机管理系统。

3.1.1 EMS 的发展

第一代 EMS 出现在 1969 年以前，叫作初期 EMS。这种 EMS 仅包含数据采集与监控（Supervisory Control and Data Acquisition，SCADA），只是把数据采集起来，进行简单的电网运行状态监控，没有实时网络分析、优化、协同控制功能。

第二代 EMS 出现在 20 世纪 70 年代初至 21 世纪初，叫作传统 EMS。这一代 EMS 的奠基者是 Dy-Liacco 博士，他提出了电力系统安全控制的基本模式，发展了实时网络分析、优化、协同控制等，包含网络拓扑、状态估计、潮流计算、短路计算、静态安全分析等。因此，在 20 世纪 70 年代，EMS 得到了迅速发展。我国 1988 年完成四大电网调度自动化系统的引进，之后完成消化、吸收、再创新，开发出自主知识产权的 EMS。

第三代 EMS 是源网荷协同的智能电网 EMS，采用了向量测控等技术。其出现在大规模可再生能源发展之后，这时候还没有多能横向的协同，只有源网荷的协同。针对大规模可再生能源不可控、波动性的特点，需要大量的灵活性资源，从源 - 输，转向荷 - 配，这时候的 EMS 可集成利用各类分布式资源，发展分布自律 - 集中协同架构，从源、网到荷，都有相应的 EMS。源有风电场和光伏电站的 EMS，荷有园区、电动汽车、楼宇和家庭的 EMS，网有输电、配网、微网的 EMS，这些 EMS 首先是自成一体，然后通过通信网联结在一起形成协同，共同实现智能电网的源网荷协同。

第四代或者说下一代 EMS，称之为多能互补的综合能量管理系统，也就是 iEMS。这里的综合是把各种能源集成和综合。由于各类能源割裂，综合能效低，所以需要综合和梯级利用；同时由于新能源发电的随机性、波动性，需要大量的储能来实现对新能源的消纳；iEMS 可以通过效益最大化的综合优化调度，在保障供能安全和优质的前提下，降低用能成本，提高综合能源服务的经济效益。iEMS 是源、网、荷、储协同的新一代 EMS。

3.1.2 储能 EMS 的作用

储能 EMS 是储能系统的智慧管理部分，主要实现对电池能量的安全优化调度。具有完善的储能电站监控与管理功能，涵盖了电网接入、PCS、BMS、站内升压站、站内环境消防等的详细信息，实现了数据采集、数据处理、数据存储、数据查询与分析、可视化监控、多能协调、AGC（自动发电控制）/AVC（自动电压控制）、一次调频、动态调压、报警管理、统计报表等功能。在电网侧，优化了新能源并网的电力参数；在用电侧，利用峰谷电价差，低价时充电，高价时放电，从而实现经济用电。

储能 EMS 既可以用于小型分布式的储能电站，也可以应用于大型的电网级储能电站、风储电站、光储电站，以及网源荷储一体化运行系统等。对当前弃风弃光、负荷不稳和峰谷价差等问题，通过优化储能控制、分布式电源出力和负荷投退等，安全、经济、高效地实现不同应用场景（电源侧、电网侧、用户侧和辅助服务）和不同运行方式下的能量管控。

储能 EMS 能对电池性能进行实时监测及历史数据分析，根据分析结果采用智能化的分配策略对电池组进行充放电控制，优化了电池性能，提高电池寿命。系统还兼顾了电池梯次利用技术，大大提高了对电池全生命周期的管理，有显著的经济效益。

3.1.3 开发储能 EMS 的总体要求及遵循的原则

1. 对储能 EMS 总体功能要求

（1）EMS 完成整个储能电站的集中监控与管理。EMS 与站内升压站监控系统、PCS、BMS 以及辅助设备（空调、消防、环境）等进行连接，采集各设备运行数据并将重要信息上传电网调度中心。同时，接收调度中心的命令，根据不同的运行模式，采用对应的优化策略，对储能系统进行充放电控制。

EMS 响应调度的 AGC、AVC 等指令；协调控制器与 EMS 联合完成本地一次调频、动态调压等功能。

（2）EMS 应具备削峰填谷、AGC、AVC、跟踪计划曲线、一次调频、就地自调压以及手动控制模式。

（3）EMS 应具备电池 SOC（荷电状态）均衡策略，具备 SOC 回差功能，保证储能电站安全稳定持续运行。

（4）EMS 应具备与运行维护检修平台、新能源大数据平台、DCS（分散控制系统）系统以及其他 SCADA 系统等通信的能力。

2. 储能 EMS 应遵循标准性原则

EMS 应遵循相关国际国内标准，操作系统采用国产操作系统。数据库管理系统应包括关系数据库、实时数据库和时序数据库。通信规约应采用 IEC 61850（DL/T 860，所有部分）、IEC 60870-5-104 等电力系统国标通信协议。数据模型设计参照 IEC 61970 CIM 公共信息模型标准，网络通信采用 TCP/IP 公共信息模型协议；人机界面采用 OpenGL 三维图形标准。

EMS 应遵循一体化设计思想，在统一的支撑平台的基础上，可灵活扩展、集成和整合各种应用功能，各种应用功能的实现和使用应具有统一的数据库模型、人机交互界面，并能进行统一维护。

3. 储能 EMS 应遵循开放性原则

（1）系统平台的各功能模块和各应用功能应提供统一标准接口，支持用户和第三方应用软件程序的开发，保证能和其他系统互联和集成。

（2）EMS 应具有良好的软件和硬件在线可扩展性，可以逐步建设、逐步扩充、逐步升级，不影响正常运行。

（3）EMS 容量可扩充，包括可接入的储能设备数量、系统数据库的容量等，不应该有不合理的设计容量限制。

（4）EMS 应提供方便的开发接口、算法接口、开发规约接口、历史数据库接口、实时库接口。

（5）系统应具有跨平台性，支持多国语言、支持主流的操作系统和数据库。

4. 储能 EMS 应遵循易用性原则

（1）应提供友好的就地或远程人机界面，包括但不限于实时数据监测、历史曲线查询、设备控制等画面。

（2）EMS 应采用图库一体化技术，数据库、人机界面同步更新，方便维护人员画图、建库，并保证两者数据的同步性和一致性。

（3）须提供完整的技术资料（至少包括安装图纸、用户操作说明书等相关手册以及硬件说明资料）。

（4）需对用户提供系统编译运行环境，以保证在软件修改和新模块增加时用户能独立生成可运行的完整系统。

（5）操作应提供在线帮助功能，系统维护应具有流程和向导功能。

（6）应具备简便、易用的维护诊断工具，使系统维护人员可以迅速、准确地确定异常和故障发生的位置和原因。

（7）应提供图库功能、模板功能、批处理功能、自动校验功能、一键导入数据库功能，减少重复烦琐的工作，避免人为失误、提高工程实施效率。

（8）大型 EMS 应提供多人在线并行工作协同机制。

5. 储能 EMS 应遵循高实时性原则

（1）具有优先内核和优先调度功能，对多任务调度不仅可以按时间片进行分时任务调度管理，还可按优先级进行实时任务调度管理。

（2）协调控制器具有监视高分辨率实时时钟并据此唤醒定时进程的功能。

（3）系统应具有实时软总线，基于总线进行实时数据与命令的通信，应具有进程之间的快速通信功能。

（4）在不断增加数据量的情况下，保持系统各种性能指标基本稳定。吉瓦时储能电站应具备 200 万点大数据秒级处理能力。

6. 储能 EMS 应遵循高可靠性原则

（1）EMS 的重要单元或单元的重要部件应为冗余配置，保证整个系统功能的可靠性不受单个故障的影响。

（2）EMS 应能够隔离故障，切除故障应不影响其他各节点的正常运行，并保证故障恢复过程快速而平稳。

（3）硬件设备的可靠性：监控系统所选计算机、交换机等设备应是符合现代工业标准，并具有相当的生产历史，在国内计算机领域占有一定比例的标准产品。所有设备具有可靠的质量保证和完善的售后服务保证。

（4）元件设计的可靠性：监控系统的开发应遵循软件工程的方法，经过充分测试，程序运行稳定可靠，系统软件平台应选择可靠和安全的版本。

（5）EMS 集成的可靠性：不同厂家的软、硬件产品应遵循共同的国际国内标准，以保证不同产品集成在一起能可靠地协调工作。

7. 储能 EMS 应遵循高安全性原则

（1）监控系统应具有高度的安全保障特性，能保证数据的安全和具备一定的保密措施，执行重要功能的设备应具有冗余备份。系统运行数据要有双机热备份，防止意外丢失。

（2）监控系统应构筑坚固有效的专用防火墙和数据访问机制，最大限度地阻止从外部对系统的非法侵入，有效地防止以非正常的方式对系统软、硬件设置及各种数据进行访问、更改等操作。

（3）储能电站监控与其他电力监控系统之间（变电站监控系统）应是相对独立的关系。

（4）禁止非电力监控系统对储能电站监控系统数据的直接调用。

3.2 储能 EMS 架构

储能 EMS 部署在储能站的监控管理中心。根据储能系统的规模，可以灵活配置储能 EMS 的硬件及通信方式，系统应支持从单机到网络的各种规格的架构。BMS 大数据分析系统完成对电池的性能评价及故障诊断，为 EMS 进行控制策略优化提供依据。BMS 大数据分析系统是可选模块，一般应用在大规模储能系统。

整个储能监控系统采用三层架构，分别是调度集控中心层、储能站监控层、储能基本单元层。储能 EMS 位于储能站监控层。储能电站监控系统结构示意图如图 3-1 所示。

3.2.1 调度集控中心层

集控中心系统采用能源物联网、云计算、大数据分析、人工智能等先进技术，实现了对分散的储能电站进行集中管控、协调控制、智能大数据分析、智能运检、智能决策、全景展示等功能。

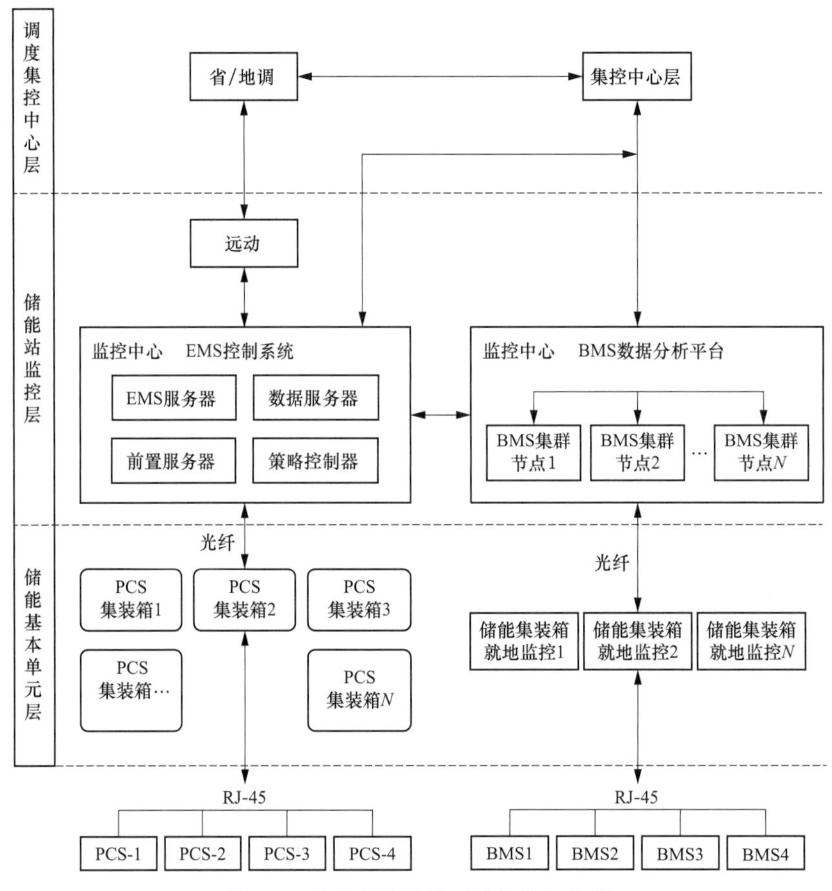

图 3-1　储能电站监控系统结构示意图

集控中心系统采集各个储能站的运行信息，实现数据统一存储、集中监控；对储能站运行状态、故障信息、用电信息、发电信息、储能效率、电池性能等信息进行综合监测、比对、分析，能实现设备预防性维护，对储能站进行全生命周期管理，显著地提高整体经济效率。

在保证通信及信息安全要求的前提下，集控中心系统可以与电力调度中心交换信息。

集控中心功能图如图 3-2 所示。储能集控中心可以应用在发电集团集控中心、电网调度中心、用户侧分布式储能站监控中心、虚拟电厂等场景。

3.2.2　储能站监控层

储能站监控层分为 EMS 和 BMS 大数据分析平台两部分。

1. EMS 部分

（1）EMS 负责整个储能站的数据采集与监控、多能协调优化管控，是储能站的中枢。

（2）向下：接收 PCS 信息，并将重要信息上传调度系统及集控中心。

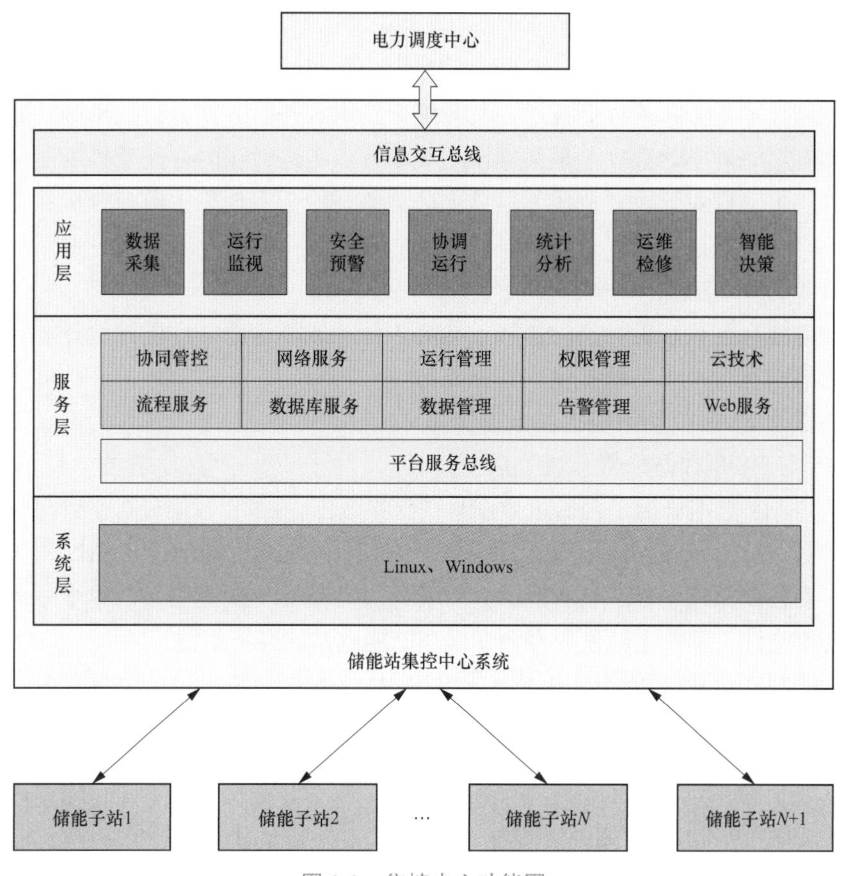

图 3-2　集控中心功能图

（3）向上：接收调度 AGC、AVC 指令，并根据控制策略对 PCS 下发充放电控制指令。

（4）协调控制：直接采集并网点的电压、频率，进行紧急电压支撑和快速频率响应（一次调频）。

（5）远动通信：储能 EMS 通过远动设备以及现有的纵向加密及调度数据网与电网调度中心进行通信连接。储能 EMS 与升压站共用两台远动设备。EMS 与远动装置有两种通信方案：

1）方案一：串口连接。其优点是实现了储能 EMS 与调度远动系统的网络隔离，安全性高。

2）方案二：网络连接。其优点是实现了储能 EMS 与调度远动系统的网络连接。

为了保证安全性，推荐这种方案在储能 EMS 与调度运动系统之间加装物理防火墙。

（6）物理隔离：储能 EMS 可通过正向隔离装置向低安全区的储能运行维护平台传送储能站运行信息。储能 EMS 可通过反向隔离装置接收低安全区储能运行维护平台发送的储能优化运行策略信息。

2. BMS 大数据分析平台部分

（1）BMS 大数据分析平台采用基于互联网架构的大数据存储与数据分析技术，包括时序数据压缩技术、分布式存储技术、负载均衡技术、并行数据分析技术等，能够满足对吉瓦时储能电站海量电池数据（采集规模达 200 万点）进行实时存储及秒级实时分析。系统采用集群技术，避免分段式造成的信息孤岛现象，便于实现集中监控分析、全数据统一对外接口。

（2）接收 BMS 信息，并将信息上传集控中心系统。

（3）对电池运行状态进行实时监视、故障告警、故障诊断、性能评价等。

（4）为储能运行检修系统提供大数据支撑。

（5）为优化 EMS 控制策略提供数据支撑。

3. EMS 与 BMS 数据分析平台关系

EMS 与 BMS 数据分析平台通过数据总线交换数据，BMS 数据分析平台只传送分析诊断后的关键数据给 EMS 部分，避免海量数据对 EMS 部分的资源消耗。EMS 根据电池性能评价结果，对控制策略不断进行优化，这个优化过程贯穿了储能电站的整个生命周期，可以提高系统安全性，延长电池使用寿命，提高储能电站的经济效益。

EMS 可以采用远程画面调用等技术，共享 BMS 数据分析平台的监视画面。

3.2.3 储能基本单元层

（1）通信枢纽：用于多个集装箱的数据链路汇集，集装箱通过通信枢纽与储能监控层连接。通信枢纽不单独设立箱柜，部署于就近的 PCS 集装箱内。通信枢纽一般应用在采用星型通信架构的大型储能电站。

（2）边缘服务器：完成集装箱内的 PCS 数据采集、BMS 数据采集、门禁、消防等辅助设备的信息接入，应用云边协同的人工智能技术，实现就地数据分析、安全预警、协调控制等功能。边缘服务器是可选设备。

（3）箱内监控系统：实现对集装箱内的 PCS 数据采集、BMS 数据采集、门禁、消防等运行状态监控。方便本地设备运行维护。如果已配置边缘服务器，箱内监控系统可以从边缘服务器集中获取所有数据，不必与各个设备单独通信。箱内监控系统是可选设备。

（4）箱内环境控制系统：部署于集装箱内，采集空调、消防、温度、门禁等实时运行信息，及时采取报警、保护、紧急制动等措施，对储能箱内电池安全及整个储能电站的安全运行提供保障。箱内环境控制系统是可选设备。

3.2.4 储能 EMS 与变电站监控系统关系

（1）松散耦合。储能 EMS 与变电站监控系统应该相对独立，采用松散耦合的通信连接方式；实现系统专用，避免产生功能混淆、边界不清的情况发生。这样设计既符合双方各自的监控与安全规范要求，在工程调试过程中又各自独立，避免了相互干扰。

（2）储能站可以通过远动装置获取变电站监控系统的信息。

（3）在数据展示层面，储能 EMS 可以实现与变电站监控系统的信息整合。EMS 应支持国调 SVG（可伸缩的矢量图形）图形格式接口，可以采用远程画面调用等技术显示变电站监控系统的实时画面。

3.3 储能 EMS 硬件组成

3.3.1 典型硬件架构图

储能系统典型硬件架构见图 3-3。

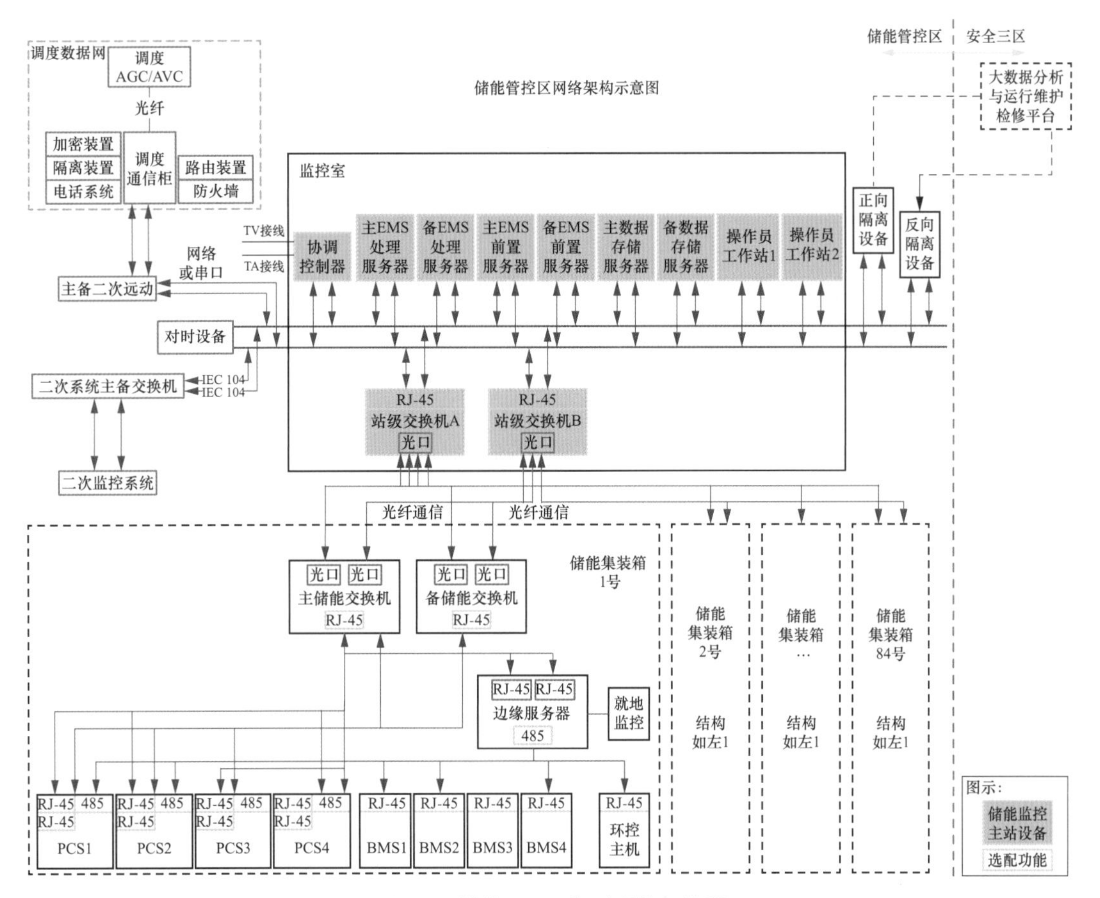

图 3-3 储能 EMS 典型硬件架构图

（1）冗余配置：为了提高系统整体的稳定性，大中型储能 EMS 一般都采用控制网与信息网分开的配置方式。控制网与信息网分别采用主备双网的冗余配置方式。服务器等关键设备采用双机热备用方式。

（2）储能 EMS 与时钟系统通信：储能 EMS 的运行需要严格准确的时钟源。储能 EMS 需要配置 GPS、北斗等天文钟，或者与变电站二次系统共用时钟，进行全站统一校时。协调控制器需要 B 码对时。

3.3.2 典型硬件设备

（1）通信服务器：也称前置服务器，用作站控层数据采集。通信服务器按照双机双网冗余配置，同时运行，互为热备用。主机设备采用组屏（柜）方式布置在总控室。主机服务器应采用主流国产服务器硬件配置。

（2）应用服务器：用作站控层数据收集、处理、存储及网络管理的中心。主机按照双机双网冗余配置，同时运行，互为热备用。主机设备宜采用组屏（柜）方式布置在总控室。主机服务器应采用主流国产服务器硬件配置。

（3）数据服务器：历史数据存储，应支持国产时序数据库。

（4）Web 服务器：一般经过防火墙或物理隔离装置与储能 EMS 通信，获取实时和历史数据，并对外进行 Web 发布。Web 服务器一般部署在业主的办公及运行维护检修网上。

（5）操作员兼工程师工作站：用于图形及报表显示、事件记录及报警状态显示和查询。值班人员可通过操作员兼工程师工作站对储能电站各一次及二次设备进行运行监视和操作控制。

（6）协调控制器：协调控制器并行接入既有变电站的 TV 设备，串行接入既有变电站的 TA 设备；高速直采总并网点、储能并网点的电压和功率数据。控制多台 PCS，实现一次调频、动态调压功能。协调控制器与 EMS 并行运行；协调控制器与 EMS 之间进行数据通信，根据既定权限，当协调控制启动时，把协调控制器启动信号发送 EMS，EMS 收到信号后暂停对储能设备的控制权限，当协调控制器控制完成，释放协调控制器启动信号，EMS 接到信息后进行既有策略控制；协调控制器启动信号由 EMS 发送到调度系统。协调控制器设备包含主协调控制器和多台协调控制终端。

（7）通信管理机：多串口、多网口嵌入式通信装置。当 EMS 与远动采用串口通信方式时，需要配置通信管理机。

（8）网络设备：网络交换机及附件。网络交换机网络传输速率大于或等于 100Mbit/s，构成分布式高速工业级双以太网，电口和光口数量应满足储能电站应用要求及电网安全防护的要求。网络附件包括光 / 电转换器，接口设备（如光纤接线盒）和网络连接线、电缆、光缆等。

（9）打印机：一般配置网络打印机，用于事件及报表打印。

（10）通信网关：采用嵌入式计算机，集中采集多个设备的信息并集中上传，可以实现不同通信协议的相互转换。具备多个网络接口、多个 RS-232/RS-485 接口。

（11）卫星时钟：为整个 EMS 提供精确时钟源。卫星时钟应该同时支持 GPS、北斗两种时钟系统。

（12）UPS 系统：不间断电源，根据储能 EMS 重要设备功率总和进行配置，一般提供 30min 以上的稳定电源。

（13）物理隔离装置：储能 EMS 位于电网安全一区，储能 EMS 与其他安全区之间的信息交互需要配置物理隔离装置。物理隔离装置属于单向传输装置，储能 EMS 向其他安全区传输信息，需要配置正向隔离装置；其他安全区向储能 EMS 发送信息，需要配置反向隔离装置。

（14）远动装置：用于储能站与电网调度中心通信。一般采用 IEC 60870-5-104 电力通信协议。储能 EMS 与储能升压站公用远动装置。远动装置采用双机配置，同时支持电网调度 A、B 面。

（15）纵向加密装置：用于远动装置与电网调度中心通信，需要满足国家电网有限公司、南方电网公司安全加密相关标准。

（16）路由器：用于远动装置与电网调度中心通信。

3.4 储能 EMS 软件组成

3.4.1 软件开发与运行环境

1. 编程语言

SCADA 及策略控制部分，由于涉及实时大数据的处理，对响应速度要求很高，应采用编译效率最高的 C/C++ 语言开发。考虑跨平台性，建议采用 QT 开发工具。电池性能分析部分涉及海量的电池数据（可达到数百万点的秒级数据），需要采用大数据、AI 等互联网技术开发，建议采用 Java、Python、JavaScript 等 Web 开发语言。

2. 操作系统

应支持主流操作系统，如 Windows 系列、Linux 开源操作系统、国产操作系统等。

3. 数据库

应支持 Mysql、Mariadb、国产金仓数据库、国产达梦数据库、Oracle 等关系数据库。应支持 InfluxDB、PI、涛思等时序数据库。

4. 中间件

建议采用主流的开源软件架构。Web 容器采用 Tomcat，消息中间件建议采用 RabbitMQ、RocketMQ、Kafka 等，实时内存数据库采用 Radis 等。

5. 多国语言

应方便地支持多国语言文字，包括中文、英文、法文、西班牙文、葡萄牙文、日文、韩文、阿拉伯文等，支持多国文字的即时切换。

6. 网络协议

统一采用 TCP/IP、HTTP 协议。

7. 3D 技术

应支持 OpenGL 三维图形标准。

3.4.2 软件架构

整个储能 EMS 软件包括系统软件、支撑软件平台、应用软件三部分。

1. 系统软件

系统软件包括操作系统、关系数据库、基于内存的实时数据库、时序数据库等。

（1）关系数据库应达到以下要求。

1）采用标准商用 MySql/SQLServer/Oracle/ 达梦 / 金仓等关系数据库系统。

2）Client/Server 结构体系，应提供方便的网络访问。

3）安全的事务处理能力，当系统发生故障时，应保证数据不丢失。

4）触发器功能应为保证相关数据的一致性带来便利。

5）严密的双服务器一致性维护。

6）快速大批量数据访问机制。

7）透明的双冗余网访问支持。

8）具有 SQL/ODBC 访问接口

9）支持集群功能。

（2）基于内存的实时数据库应达到以下要求。

1）Client/Server 体系结构，在分布式运行环境下，应实现数据库全网共享。

2）严密的多服务器一致性。

3）应支持实时数据库的备份或镜像。

4）应支持并发访问控制。

5）应支持安全级别及用户权限管理。

6）应提供 C++ API 访问接口。

（3）时序数据库应达到以下要求。

1）高效压缩存储，压缩比可达 1 : 10。

2）实时存储。

3）支持集群。

4）支持并发访问控制。

5）支持安全级别及用户权限管理。

6）提供 C++ API/Java API 访问接口。

2. 支撑软件平台

支撑软件平台是在系统软件的基础上建立的分布式实时运行及开发环境。包括分布式系统管理、数据总线、基于 OpenGL 的三维图形界面、多层次多协议通信接口、数据采集与监控、负载均衡、故障隔离与切换、拓扑架构等功能。应用软件平台为业务层面的应用开发提供了数据服务总线、控制流程接口、人机交互接口、二次开发接口等 API 及 Web Services，大大提供了系统开发效率。

3. 应用软件

应用软件应包括系统组态工具、数据库管理工具、SCADA、人机界面、报表显示打印、数据统计分析、AGC/AVC、一次调频、紧急调压、优化策略控制、数据传输转发、系统自诊断等模块。随着业务场景和用户需求的不断变化，应用软件也会不断变化、扩展。

4 储能 EMS 基本功能

4.1 数据采集与监控

数据采集与监控是储能 EMS 的基础功能。

4.1.1 数据采集

EMS 通过与各储能变流器、BMS 和就地监测系统的通信实现对储能电站实时运行信息的采集，将其接收到的实时数据通过网络点对点通信方式写入系统的实时数据库中。

1. 数据采集策略

（1）具备多数据源的优化判断，可以在线修改，不影响系统及其他厂站的运行。

（2）主备数采服务器均衡负载，以提高系统效率。

2. 电池数据采集

对电池系统的运行参数、电池堆、电池簇信息进行采集，包括电压、电流、荷电状态、温度等遥测信号，以及开关状态、事故信号、异常信号等遥信信号。电池信息采集至少包括但不限于表 4-1 所列的信息。

表 4-1 电池信息采集表

序号	信息名称	说明
1	电池数目	本电池组内电池节数
2	电池标称容量	标称容量
3	电池类型	
4	总电压	
5	电流	
6	单体最高电压	
7	单体最低电压	
8	SOC	荷电状态
9	SOH	电池健康度
10	电池包平均温度	
11	电池包最高温度	
12	电池包最低温度	

续表

序号	信息名称	说明
13	累计充电电量	
14	累计放电电量	
15	工作状态	充 / 放 / 静置
16	电压报警信息	
17	电流报警信息	
18	温度报警信息	
19	故障信息	
20	预充接触器状态	
21	主接触器状态	
22	其他信息	

3. PCS 数据采集

对 PCS 变流器的电压、电流、温度等遥测信号，以及开关状态、事故信号、异常信号等遥信信号进行采集。PCS 信息采集至少包括但不限于表 4-2 所列信息。

表 4-2　PCS 信息采集表

序号	信息名称	说明
1	工作状态	本电池组内电池节数
2	交流断路器状态	标称容量
3	直流断路器状态	
4	直流电压	
5	逆变器 A 相交流电压	
6	逆变器 B 相交流电压	
7	逆变器 C 相交流电压	
8	直流电流	
9	逆变器 A 相交流电流	
10	逆变器 B 相交流电流	
11	逆变器 C 相交流电流	
12	温度信息	
13	逆变器 A 相频率	
14	逆变器 B 相频率	
15	逆变器 C 相频率	
16	逆变器 A 相功率	
17	逆变器 B 相功率	

续表

序号	信息名称	说明
18	逆变器 C 相功率	
19	直流功率	
20	A 相电压报警信息	
21	B 相电压报警信息	
22	C 相电压报警信息	
23	直流电压报警信息	
24	A 相电流报警信息	
25	B 相电流报警信息	
26	C 相电流报警信息	
27	直流电流报警信息	
28	A 相频率报警信息	
29	B 相频率报警信息	
30	C 相频率报警信息	
31	温度报警信息	
32	故障信息	
33	其他信息	

4. 电网数据采集

采集升压站的电压、电流、频率、有功功率、无功功率、功率因数等遥测信号，以及开关状态、事故告警等遥信信号。电网数据采集至少包括但不限于表 4-3 所列信息。

表 4-3　电网数据采集表

序号	信息名称
1	低压侧电压
2	低压侧电流
3	低压侧有功功率
4	低压侧无功功率
5	低压侧频率
6	高压侧电压
7	高压侧电流
8	高压侧有功功率
9	高压侧无功功率
10	高压侧频率
11	保护信息

续表

序号	信息名称
12	变压器温度
13	总充电、放电电量
14	每条线路充电、放电电量
15	其他信息

5. 环控数据采集

采集储能系统就地空调、消防等环境与消防设备信息。

（1）空调信息：开关机状态、温度、湿度。

（2）消防信息：火灾报警、烟雾报警、风机报警等。

环控数据采集至少包括但不限于表 4-4 所列信息。

表 4-4　环控数据采集表

序号	信息名称
1	集装箱温度
2	集装箱湿度
3	火灾报警
4	门禁报警
5	水冷空调运行状态
6	加热空调运行状态
7	设备运行状态、通信状态

4.1.2　数据处理

1. 模拟量处理

模拟量描述储能电站系统运行的实时量化值，包括 PCS、BMS、配电等数据，对模拟量的处理实现以下功能：

（1）每个模拟量可设置多级上下限限值，提供界面方便用户手动进行限值的设定，当遥测越限时，人机界面可显示告警并用不同颜色区分显示。

（2）零漂处理，当模拟量测量值与零值相差小于指定误差（零漂）时，转换后的模拟量应被置为零，每个模拟量的零漂参数均可以设置。

（3）支持不同数据质量标志，包括未初始化、可疑数据、死数、正常数据、人工置数数据等。

2. 数据质量标志

对所有遥测量和计算量配置数据质量码，以反映数据的可靠程度。数据质量码如下。

（1）正常：在最后一次应答中成功采集到的数据。

（2）工况退出：远程测控终端（Remote Terminal Unit，RTU）退出而导致数据不再刷新。

（3）未初始化的数据：该数据点值尚未采集、被计算或是被人工输入。

（4）计算数据：由其他数据点经公式计算得到的数据。

（5）可疑数据：量测与电气拓扑不符。

（6）不变化：该数据长时间不变化。

（7）坏数据：数据异常。

（8）越限：量测超过给定的限值范围，包括越上限、越下限等。

（9）人工置数：该数据显示的数据值为人工置数值。

（10）用户可定义的标志：来源于用户公式计算结果所代表的状态。

3. 状态量处理

（1）状态量应包括开关量和多状态的数字量，具体为设备工作状态、开关位置，隔离开关、接地开关位置，保护硬触点状态以及 AGC 远方投退信号等其他各种信号量。

（2）状态量可以人工设定。状态量的极性统一规定为“1”表示合闸状态，“0”表示分闸状态，并可进行反极性修改和处理。

（3）状态量根据不同的性质发出不同的报警，并进入不同的分类栏。

4. 电量处理

对电量按时段分别处理，统计尖、峰、谷、平等时段电量值，统计日、月、年电量值，通过报表自动计算日累计电量、月累计电量、年累计电量等。

5. 非实测数据处理

非直接采集的数据称为非实测数据，可能由人工输入，也可能是通过计算得到，两者分别有各自的质量码。除此以外，非实测数据与实测数据应具备相同的数据处理功能，具备自定义的公式计算及常用的标准计算功能。用户可自定义标准计算功能。

6. 多态数据处理

表示电网中有关设备的运行状态，一个状态量应具有多个状态，系统能对同一状态量的多个状态进行不同的处理。

7. 计算与统计

系统应提供强大的脚本及编译器功能，用于实现计算、统计、检索及考核等功能。计算功能应支持多态多应用，同一公式中可支持任何应用的数据计算。采样记录的计算结果应与公式分量完全吻合，对于有分公式的公式计算应考虑先后优先级。

（1）派生计算量。对所采集的所有量包括计算量能进行综合计算，以派生出新的模拟量、状态量、计算量，计算量能像采集量一样进行数据库定义、处理、存档和计算等。

（2）计算公式定义。应支持加、减、乘、除、三角、对数、绝对值、日期时间等常用算术和函数运算，无限制的逻辑和条件判断运算，时序运算，触发运算，时段运算以及引用对象状态运算等。系统应提供方便、友好的界面供用户离线和在线定义计算量和计算公式。公式定义完毕应能以自动 / 手动两种方式校验公式正确性和优先级，并给出相关

告警。

（3）常用的标准计算。为免去用户输入大批量相同类型的公式，系统应提供常用的标准计算公式供用户选择使用。包括：

1）积分计算；

2）频率及电压合格率计算；

3）最大值、最小值、最大值出现时间、最小值出现时间、平均值统计；

4）负荷率计算；

5）总加计算；

6）有载调压变压器档位计算（包括 BCD 码或其他方式档位计算）；

7）负荷超欠值计算；

8）功率因素计算；

9）平衡率计算；

10）电流有效值计算。

（4）统计计算及考核功能。可根据电网目前的频率、电压考核要求，对电压、频率等用户指定的各类分量进行考核统计计算并提供灵活、方便的界面。

（5）能在线修改某计算量的分量及计算公式，并能在线增加计算点。

4.1.3 数据转发

平台不仅支持对站内的各种设备的采集服务，为站内各设备的安全运行提供数据支撑，也支持对外的数据服务，为第三方平台提供数据服务，提供站内采集及二次处理的数据。平台支持常规电力规约的数据转发功能，如 Modbus TCP、IEC 60870-5-104、IEC 61850 转发规约。提供的数据包括：

（1）直接采集到的遥信、遥测和电量数据。

（2）通过计算产生的衍生数据，如计算量数据。

（3）通信过程中的状态数据。

（4）经过业务逻辑处理的数据。

4.1.4 数据存储

EMS 的实时数据应存放在实时库中，所有的数据计算都在实时库中存储，运行过程产生的历史数据由平台经过统一的数据接口存储到历史数据服务器中。

（1）数据存储在历史数据库中，支持数据的备份。

（2）支持秒级数据存储，存储精度为 1s，每日可以自动生成一个数据表。

（3）支持分钟级数据存储，存储精度最小为 1min，每月可以自动生成一个数据表。

（4）数据存储的精度可通过平台提供的数据库编辑工具设置，即可生效。

（5）历史数据的展示方式包括曲线、表格、导出文件、统计报表等。

（6）对大中型储能电站，历史数据应采用压缩方式存储。

4.1.5 数据统计

对系统运行过程中产生的数据进行实时统计分析。包括但不限于有功功率、无功功率的最大最小平均值，电压合格率，频率合格率，储能充放电次数，储能充放电时间，储能充放电电量统计（日累计、月累计、年累计），故障电池数，电池组各故障部位的百分比，各型号电池组的故障百分比，设备故障次数统计，设备故障时间统计，检修时间的统计，维护人员的维修时间统计，逆变器故障率统计，停机故障分析，各型号逆变器的故障百分比，AGC 合格率，AVC 合格率，一次调频响应时间，紧急调压响应时间等。统计结果可随时查询，并以统计报表的形式呈现。

4.1.6 数据服务

数据服务分为实时数据服务和历史数据服务两种。

（1）实时数据服务包括五种。

1）通过系统数据总线进行订阅分发。

2）Web Services 服务。

3）直接访问实时数据库断面快照。

4）提供 C++API 接口。

5）通过网络或串口，采用 104、Modbus 等标准通信协议进行传输。

（2）历史数据服务包括四种。

1）通过系统数据总线进行订阅分发。

2）Web Services 服务。

3）直接访问历史数据库。

4）提供 C++ API 接口。

4.1.7 报警管理

1. 报警事件定义

（1）报警是由数据库中的某些量的特征变化、应用程序的某些过程、系统设备状况变化或是用户操作引起，包括：

1）状态量的状态变化。

2）模拟量越限及恢复。

3）与储能设备或变电站综合自动化系统及省调系统之间的通信故障或误码率高。

4）EMS 自身运行过程中的故障、异常及资源使用超限等，如网络中断、进程退出、CPU 负荷过高、硬盘容量不足等。

5）由某应用程序产生的报警信息。

6）用户的操作信息。

（2）报警事件包括两部分，一部分是设备装置产生的 SOE（事件顺序记录），另一部分是储能 EMS 自己判断生成的事件。当两部分产生同样的事件时，以 SOE 事件发生的时间为准。

所有事件应能按照优先级自动在告警窗口显示、自动推图、画面闪烁、自动存储到历史数据库中，并提供实时报警确认、停止及清除的手段。应能按照厂站、设备、类型、时间等组合条件对历史事件进行检索和查询，结果可以输出到指定文件、显示、打印、语音播放等。

SOE包括如下要求：

1）设备装置必须精确对时，SOE分辨率站内达到2ms，站间达到10ms。

2）记录主要断路器和保护信号的状态、动作顺序及动作时间，形成动作顺序表。遥信变位应记录数据来源。

2. 报警过程处理

（1）当检测出一个报警后，应产生下列动作：

1）在工作站上产生一个音响报警，厂站接线图、事件报警表等上的对应报警点（状态图符或数据值）应闪烁。

2）在相应的报警一览画面中产生一个条目，在报警和事件文件中产生一个条目。

3）报警时能按照指定顺序自动推出画面（可定义）。

4）提供报警总表，用它记录未被确认和已经确认的报警信息，这些报警信息应包括报警点名称、报警内容、报警时间及确认状态，并按照时间顺序排列。用户可以按照时间、厂站、元件、级别等进行分类查询。

5）可通过厂站的报警，访问相应的单线图。

（2）报警屏蔽及解除。监控人员应能屏蔽对任何设备的报警处理。当一个设备处于报警屏蔽状态时，该设备将按常规处理，模拟量将继续按相应的极限范围显示颜色或其他特性，但不再进行报警处理。报警的屏蔽与屏蔽解除应能在任何显示报警量的画面上通过人机会话方式进行操作。

（3）报警语音信息。系统应能记录一组语音信息，并为指定点的指定报警状态播放语音信息，系统应支持录制至少1000条不同的语音信息，同时应能支持根据文字信息自动播放语音的功能。在赋予了包含某个报警点的职责范围的工作站上，当检测出该报警点的报警状态符合语音报警要求，则与该报警状态有关的语音报警信息在该工作站上播放。调度员应能请求播放语音测试信息，并能调整在其工作站上播放语音信息的音量。

（4）报警确认。调度员应能在其职责范围内对报警进行人工确认。应能在厂站单线图画面、报警一览画面及厂站报警消息列表上用鼠标或键盘选择单个、一组或全部报警，并对其进行确认。

（5）报警历史记录。告警信息应自动保存到历史数据库，按年、月、日、时、分、秒的时间顺序排列，事故信息时间需精确到毫秒。

提供告警信息的检索工具，可按照时间、厂站、对象等进行检索、显示、打印和保存报警信息。该检索工具应提供模板定制功能，可按实际使用时的需求定制多种查询模板，以简化查询操作步骤。

（6）调试工作站解除告警屏蔽。对于调试工作站的问题，其实现方式是在相关界面上提供按钮以切换正常工作模式与调试模式，可由用户在必要时将某工作站切到调试状态，此时能够看到在别的工作站上被屏蔽的告警信息。

（7）系统应具备时段报警功能。

4.1.8 事故追忆与反演

（1）应具备全部采集数据（模拟量、开关量、保护信息等）的追忆能力，完整、准确地记录和保存储能电站的事故状态。

（2）为了正确反映事故发生时的电网模型、接线方式，系统应具有对于电网模型及图形的 CASE 事例进行保存和管理功能。系统应支持自定义存储条件和方式。

1. PDR（事故追忆记录）主要功能

（1）系统应自动保存至少 25h 以内的动态数据变化信息，以备人工触发 PDR 记录时所需，超过 25h 的动态数据变化信息应自动删除。

（2）系统应采用大容量的商用数据库存储管理 PDR 数据，每个 PDR 记录包括触发事件发生前后一段时间的全部数据动态变化过程，时间段可调。

（3）PDR 由定义的事故源起动，也可在事故发生后 24h 内，由人工触发 PDR 记录，人工触发 PDR 记录必须输入起始时间和结束时间。

（4）事故源可由用户定义，其类型可以为：

1）开关量的变位加事故总信号动作；

2）开关量的变位加相关保护信号动作；

3）开关量的变位；

4）频率、电压及其他数据越限；

5）用户指定的其他事故源定义方式。

（5）PDR 能将所有相关数据按正常扫描周期存储，数据全部存在数据库中。

（6）PDR 具备激发多重事故记录功能（即允许记录时间部分重叠），记录多重事故时存储周期顺延。

（7）提供 PDR 事故记录管理功能，提供记录删除、导出、导入等功能。

（8）制定起始、终止时间，可以自动播放 25h 内断面信息。

2. 重演功能

（1）在调入匹配的电网模型并装入起始数据断面后，根据进度控制重演当时的动态数据变化过程。

（2）可以单线图、网络图、方框图、图表等方式重演 PDR 数据。重演时具有事故发生时的所有特征，如报警、静态图等。

（3）可以通过任意一台工作站启动事故重演，允许其他多台工作站观看该重演过程，应具有同时进行多个事故重演功能。

（4）在观看重演画面时，系统自动按 PDR 发生时间调出相匹配的图形，以正确反映当时的电网情况。

（5）工作站在观看重演画面时，应不影响其他功能的执行。

（6）系统应提供专门的播放器，实现重演控制画面功能，可以随时正常、快进、单步（时间间隔可调）、暂停、截屏正在进行的事故重演，可以再继续进行，并提供回退功能。

4.1.9 遥控遥调

实现人工置数、标识牌操作、闭锁和解锁操作，以及远方控制与调节功能。所有操作必须有权限验证。

1. 参数设置

设置的参数包括状态量、模拟值、计算量等，应提供界面以方便人工修改运行参数。

2. 闭锁和解锁操作

提供闭锁功能用于禁止对所选对象进行特定的处理，应包括闭锁数据采集、告警处理和远方操作等；闭锁功能和解锁功能应成对提供。

3. 远方控制与调节

（1）控制与调节类型。

1）储能逆变器遥调控制，包括有功设点控制、无功设点控制。

2）储能电站整站遥调控制；遥调无功补偿装置，包括容抗器的投 / 切、无功补偿装置设点控制。

3）断路器和隔离开关的分合、变压器的分接头调节、投 / 切远方控制装置（就地或远方模式）、设备启停控制。

4）成组控制，可预定义控制序列，实际控制时可按预定义顺序执行或由运行人员逐步执行，控制过程中每一步的校验、控制流程、操作记录等支持与单点控制采用同样的处理方式。

（2）控制流程。对开关类设备实施控制操作一般应按三步进行：选点 - 预置 - 执行，预置结果显示在画面上，只有当预置正确时，才能进行“执行”操作。

（3）安全措施。操作必须从具有控制权限的工作站上才能进行；操作员必须有相应的操作权限；双席操作校验时，监护员需确认等。

控制与调节内容主要包含储能逆变器遥调控制，包括有功设点控制、无功设点控制；储能电站整站遥调控制；投 / 切远方控制装置（就地或远方模式）。

EMS 应支持整站策略控制模式和独立策略控制模式；应支持但不限于下列控制调节模式：一次调频、二次调频、无功 / 电压支撑、削峰填谷、跟踪调度、手动控制等。

4.1.10 报表工具

报表工具应包括报表编辑、报表显示、报表打印、报表导出等功能。报表编辑工具应提供类 Excel 风格的报表制作方法，可以方便地生成表格、图形等。可灵活定义和生成报表格式，并提供常用报表模板，如日报、月报及年报等，报表的生成时间、内容、格式和打印时间可由用户定义。应能按要求定时打印日报表、月报表及年报表；应能随时打印任意一张已生成的报表；可以对已生成报表进行编辑、修改，并按照 Excel、PDF 等格式转出。

4.1.11 权限管理

为了保证信息安全、操作安全和数据安全，只有授权的用户才能访问服务器的服务和数据。

（1）对不同类别的用户，在不同的使用终端、不同的适用范围分配不同的权限。

（2）对于所有操作，进行用户登录，EMS 授权后，才可以进行后续操作。用户登录后有时间限制，超过时限没有操作，会自动注销登录。

（3）对于接口访问，有两种验证方式：一种是先调用登录接口，EMS 授权后才可以调用接口；另一种是每次调用接口都包含用户名和口令，系统接收到申请时，判断用户权限，如果无访问权限，则拒绝访问。

（4）系统管理员拥有除在线控制（如遥控）权限外的所有权限。

（5）机器节点、用户、用户角色、用户组、操作权限、功能区、责任区等构建了整个权限管理的架构。

（6）机器节点、用户、用户角色、用户组、操作权限、功能区、责任区都支持自定义，可根据实际的运行模式进行定义。

（7）支持网络环境下控制操作的双席认证。

4.1.12 人工置数

人工置数包括状态量、模拟值、计算量。人工置入数据应进行有效性检查，应提供界面以方便修改与联合储能监控系统运行有关的各类限值。

4.1.13 识牌操作

提供自定义标识牌功能，可以通过人机界面对一个对象设置标识牌或清除标识牌，在执行远方控制操作前应先检查对象的标识牌。单个设备允许设置多个标识牌。标识牌操作应保存到标识牌一览表中，包括时间、储能电站名称、设备名称、标识牌类型、操作员身份和注释等内容。

所有的标识牌操作应进行存档记录。

4.1.14 二次开发

系统应提供方便的开发接口，便于用户进行系统的调整和个性化应用开发。系统应为用户二次开发提供应用编程接口（C++ API、存储过程）及脚本语言。二次开发包括以下接口：

（1）算法接口：用户可以使用该接口开发算法，融入 EMS 中。

（2）规约开发接口：以 API（应用程序编程接口）方式给出，用户可以使用该接口开发自定义规约，适用不同类型的装置。

（3）数据库接口：可以和参数库和历史库交互，进行数据的读取和存储。

（4）实时库接口：可以和实时库交互。

（5）脚本语言：可以输入计算公式，进行统计、计算。

（6）Web 接口：提供 Web Services 接口。

4.1.15 人机界面

1. 画面显示

（1）显示系统网络图。

（2）显示系统地理图。

（3）显示变电站 / 站接线图。

（4）显示系统实时数据。

（5）在网络图、地理图或索引图上调阅站 / 所接线图。

（6）在网络和地理图上可进行设备参数显示和查询、运行参数的统计查询，可调看设备及现场静态图片、资料。

（7）显示月、日的负荷曲线和电压曲线，包括实时曲线和计划曲线，并标明最大、最小和平均值，以及最大最小值出现的时间。

（8）显示电网自动化系统运行状态图。

（9）显示各种实时表格和历史表格。

（10）显示各种棒图和饼图。

（11）显示趋势曲线图。

（12）显示最新报警信息。

（13）显示储能站整体运行状态图。

（14）显示储能站 PCS 运行状态图。

（15）显示储能站 EMS 运行状态图。

（16）显示储能站电池状态趋势图。

（17）显示储能站充放电曲线图。

（18）显示储能站经济收益统计分析图。

2. 人机交互

（1）发送遥控、遥调、校时等命令。

（2）挂牌。挂牌操作主要对因某种原因退出运行的设备进行。可以设置几种不同的挂牌类型，如检修、故障、接地等。挂牌的目的是为了给调度员一个醒目的提示，同时，系统自动禁止对挂牌设备的操作和控制。可以利用颜色或图形符号显示出设备是否处于挂牌状态。

（3）人工输入。人工输入既可以对模拟量进行也可以对数字量进行，主要用来修改错误的实时数据和没有测点的数据。在进行人工置数以前，首先将该点设置为人工置数状态，然后才能输入相应的值或状态。处于人工置数状态下的动态点，不再用实时数据进行刷新。对人工输入的数据有正确性和相关性检验。

（4）报警确认。提供在单线图上的和报警一览表上对单个动点或成组进行报警确认的功能（包括变位报警、越限报警等）。

3. 画面和屏幕的管理

（1）提供包括地图、接线图、表格、曲线及其他所需画面的编辑和修改工具。

（2）支持多窗口，不同窗口可显示不同画面。

（3）支持画面的漫游，提供图形导航功能。

（4）支持图形的放大和缩小功能，支持图形的分层。

用户编辑的接线图如图 4-1 所示。

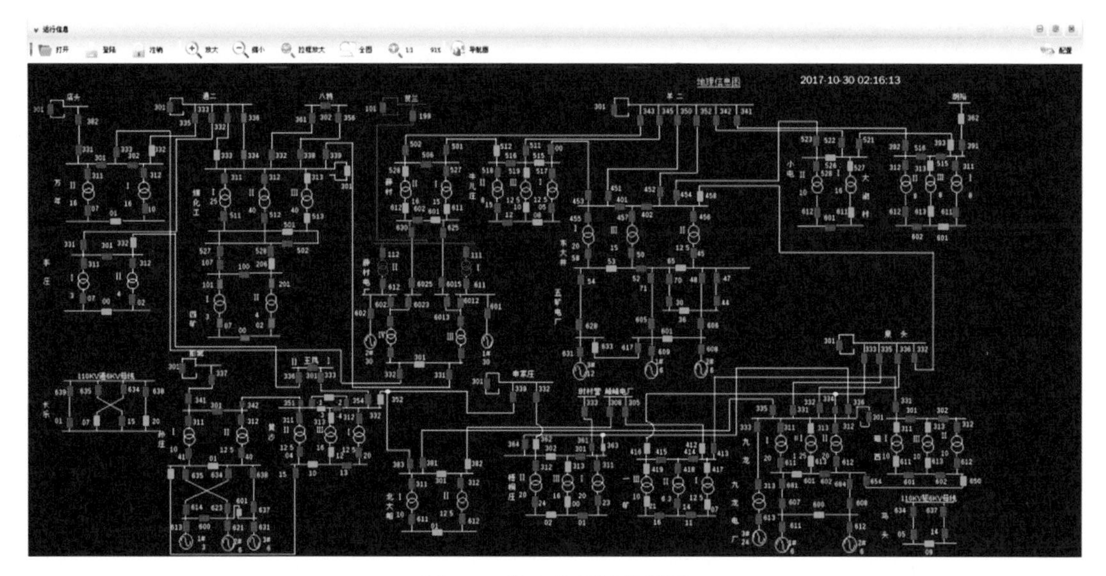

图 4-1　用户编辑的接线图

4.1.16　自诊断功能

（1）装置异常及交直流消失等应有告警信号，各装置应有自诊断功能，装置本身也应有 LED 信号指示。

（2）配置的软件应与系统的硬件资源相适应，除系统软件、支撑软件、应用软件外，还应配置在线故障诊断软件，数据库应考虑具有在线修改运行参数、在线修改屏幕显示画面等功能。软件设计应遵循模块化和向下兼容的原则。软件技术规范、汉字编码、点阵、字形等都应符合相应的国家标准要求。

4.1.17　计量计费

采集储能电站所有电能表数据，进行统计分析、核算计费。经常应用于用户侧储能系统。

1. 电能量数据采集

（1）支持多种电能表采集规约。

（2）支持周期定时数据采集、随机采集数据、自动数据补测、人工历史数据补测。

能够采集现有终端电能表码数据，包括总、峰、平、谷时段正向有功表码、反向有功表码、正向无功表码、反向无功表码、需量数据，采集电能表事项、终端事项，以及其他相关数据。电能表码采集界面如图 4-2 所示。

图 4-2　电能表码采集界面

2. 电能量统计分析

（1）统计电量：储能充电量、储能放电量、供电量（网供电量、全局供电量、下属单位供电量、变电站供电量）、发电量、上网电量、下网电量、穿越电量。

（2）统计项目：峰、谷、平时段电量；变电站电量统计、平衡分析；母线电量统计、平衡分析；变压器电量统计、变损分析；线路电量统计、线损分析；供电可靠性分析；自定义时段统计；分单位、分电压等级、分线路等进行统计。

用户可以查看的电量明细如图 4-3 所示。

3. 电能量计费

（1）用户管理：完成新增用户和停止用户及用户台账数据的修改。

（2）统计分析：计量点原始数据、计量点电量、考核对象电量和线损（不平衡）分析数据、电费数据等。

（3）统计报表：打印各种数据库参数及实时数据。自动产生用户想要得到的各式各样的报表，生成的报表可以修改、显示、打印（自动或手动）。

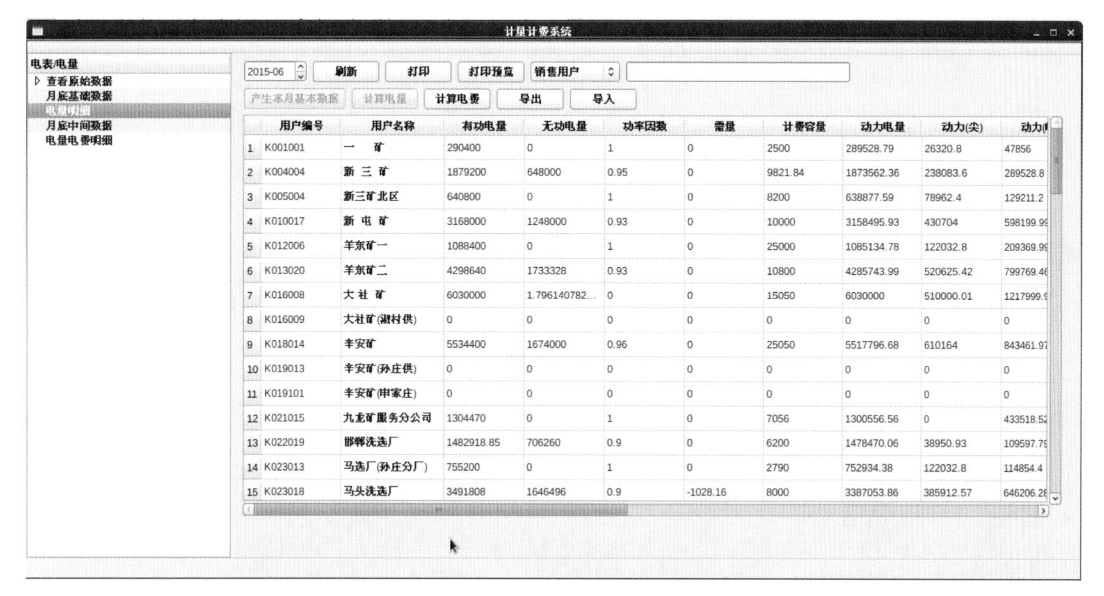

	用户编号	用户名称	有功电量	无功电量	功率因数	需量	计费容量	动力电量	动力(尖)	动力(
1	K001001	一　矿	290400	0	1	0	2500	289528.79	26320.8	47856
2	K004004	新 三 矿	1879200	648000	0.95	0	9821.84	1873562.36	238083.6	289528.8
3	K005004	新三矿北区	640800	0	1	0	8200	638877.59	78962.4	129211.2
4	K010017	新 屯 矿	3168000	1248000	0.93	0	10000	3158495.93	430704	598199.9
5	K012006	羊东矿一	1088400	0	1	0	25000	1085134.78	122032.8	209369.9
6	K013020	羊东矿二	4298640	1733328	0.93	0	10800	4285743.99	520625.42	799769.4
7	K016008	大 社 矿	6030000	1.796140782...	0	0	15050	6030000	510000.01	1217999.
8	K016009	大社矿(淑村供)	0	0	0	0	0	0	0	0
9	K018014	辛安矿	5534400	1674000	0.96	0	25050	5517796.68	610164	843461.9
10	K019013	辛安矿(孙庄供)	0	0	0	0	0	0	0	0
11	K019101	辛安矿(申家庄)	0	0	0	0	0	0	0	0
12	K021015	九龙矿服务分公司	1304470	0	1	0	7056	1300556.56	0	433518.5
13	K022019	邯郸洗选厂	1482918.85	706260	0.9	0	6200	1478470.06	38950.93	109597.7
14	K023013	马选厂(孙庄分厂)	755200	0	1	0	2790	752934.38	122032.8	114854.4
15	K023018	马头洗选厂	3491808	1646496	0.9	-1028.16	8000	3387053.86	385912.57	646206.2

图 4-3　电量明细

用户可以自行生成的电价参数表如图 4-4 所示。

	代码	电价类别	起始年	起始月	起始日	终止年	终止月	终止日	平时段价格	尖时段价格	峰时段价格	谷时段价格	最大需量价格	容量价格	城市附加费
1	0000	1-10KV大工业(管理费不含税)	2010	1	1	2020	6	19	0.6031	0.8715	0.8715	0.3619	35	23.3	0.01
2	00001	-50	2010	1	1	2020	6	19	0.6031	0.8715	0.8715	0.3619	35	35	0.01
3	00002	-51	2010	1	1	2020	6	19	0.6031	0.8715	0.8715	0.3619	35	35	0.01
4	0001	1-10KV非普工业(管理费不含税)	2010	1	1	2020	6	19	0.816	1.1791	1.1791	0.4896	0	0	0.011
5	0002	不满1KV非普工业(管理费不含税)	2010	1	1	2020	6	19	0.831	1.2008	1.2008	0.4986	0	0	0.011
6	0003	1-10KV大工业	2010	1	1	2020	6	19	0.6031	0.8715	0.8715	0.3619	35	23.3	0.01
7	0004	1-10KV非普工业	2010	1	1	2020	6	19	0.816	1.1791	1.1791	0.4896	0	0	0.011
8	0005	不满1KV非普工业	2010	1	1	2020	6	19	0.831	1.2008	1.2008	0.4986	0	0	0.011
9	0006	1-10KV大工业(外用)	2010	1	1	2020	6	19	0.6031	0.8715	0.8715	0.3619	35	23.3	0.01
10	0007	1-10KV非普工业(外用)	2010	1	1	2020	6	19	0.816	1.1791	1.1791	0.4896	0	0	0.011
11	0008	不满1KV非普工业(外用)	2010	1	1	2020	6	19	0.831	1.2008	1.2008	0.4986	0	0	0.011
12	0009	局小火电6千伏大工业	2010	1	1	2020	6	19	0.6321	0.9005	0.9005	0.3909	0	0	0
13	0010	局小火电6千伏大工业(不含税)	2010	1	1	2020	6	19	0.5403	0.7697	0.7697	0.3341	0	0	0
14	0011	居民用电(不满1千伏)	2010	1	1	2020	6	19	0.493	0	0	0	0	0	0.015
15	0012	居民用电(1千伏及以上)	2010	1	1	2020	6	19	0.443	0	0	0	0	0	0.015
16	0013	居民用电(1千伏及以上)	2010	1	1	2020	6	19	0.831	0	1.2008	0.4986	0	0	0.011
17	0014	非居民用电(1-10千伏)	2010	1	1	2020	6	19	0.816	1.1791	1.1791	0.4896	0	0	0.011
18	0015	非居民用电(35千伏及以上)	2010	1	1	2020	6	19	0.806	1.1647	1.1647	0.4836	0	0	0.011
19	00151	非居民用电(不满1千伏)	2010	1	1	2020	6	19	0.831	1.2008	1.2008	0.4986	0	0	0.011
20	0016	(40)淑村专用	2010	1	1	2020	6	19	0.6031	0.8715	0.8715	0.3619	35	23.3	0.01
21	00160	(41)煤化工(薛)	2010	1	1	2020	6	19	0.5831	0.8515	0.8515	0.3419	0	0	0.01
22	00161	局小火电-煤化工(薛)	2010	1	1	2020	6	19	0.6121	0.8805	0.8805	0.3709	0	0	0
23	001612	局小火电-煤化工(薛)	2010	6	20	2020	9	19	0.6121	0.9137	0.8805	0.3709	0	0	0

图 4-4　电价参数表

4.1.18　组态工具

组态工具应包括的主要功能：

（1）完全采用三维图形 OpenGL 标准，提供跨平台的图形解决方案，可以轻松创建高质量三维画面，满足用户多样化需求。

（2）支持图形的创建、选取、拷贝、复制、删除、存储。

（3）支持图形的无级缩放、漫游、导航、分层。

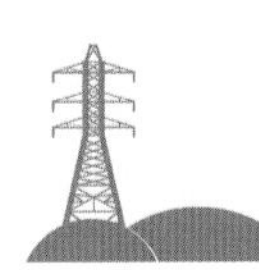

（4）强大的脚本语言，方便创造动画效果。

（5）提供常用图案及图符库。支持棒图、饼图、曲线、表格等常用图表控件。

（6）支持多种图形格式，如 BMP、PNG、JPEG 等。

（7）图片、文字、符号可任意方向旋转，并支持多种填充模式。

（8）支持 SVG（可扩展矢量图形）格式，与国家电网调度中心电力接线图相关标准兼容。

（9）支持图库一体化，创建图形的同时，生成电网拓扑结构。

组态工具编辑界面如图 4-5 所示。

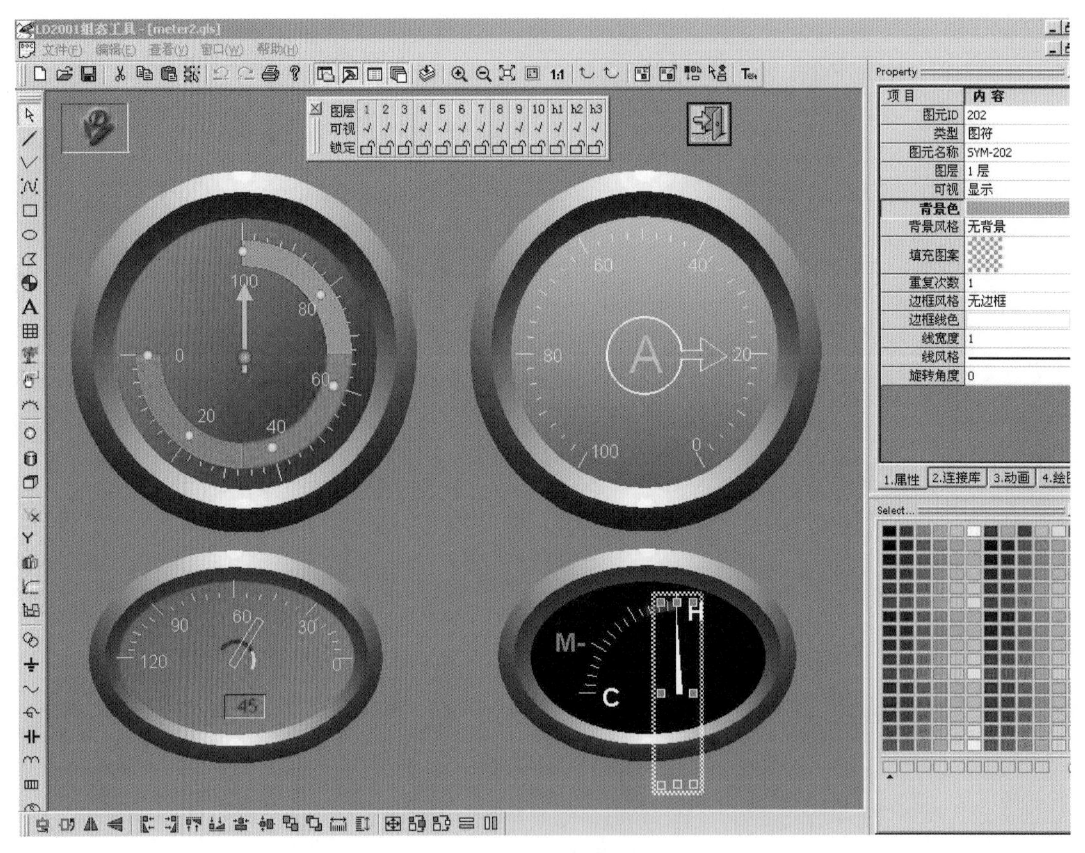

图 4-5 组态工具编辑界面

4.1.19 数据库管理

（1）应提供两种方式的数据库录入：人机交互方式和批量数据方式。用户输入的参数和数据需经过有效性、相关性和一致性检查。合格的数据才能投入在线运行。提供管理界面，用于数据库的日常维护。

（2）应具有数据库结构定义功能。

（3）应具有实时数据库管理功能。

（4）应具有关系数据库管理功能。

（5）应具有数据库手动 / 自动备份及清理等功能。

4.1.20 网络建模

并网型储能电站涉及电网模型。网络建模软件应满足以下功能要求：

（1）能定义电力系统中各类元件，包括储能设备、发电机、母线、开关、隔离开关、变压器、线路、调相机、并联电容器、并联电抗器、高压电抗器、负荷、零阻抗支路、零注入节点等。

（2）部分元件有几种模型可供选择，具体如下：

1）除一般的变电站外，能处理 T 接虚拟变电站。

2）除一般的线路外，能处理 T 接线路。

（3）提供电压模型应能定义各等级电压，能表示电压的额定值、电压考核基值和功率考核基值等。

（4）提供定义变压器分接头类型手段。

（5）能定义元件的极限值并提供多种极限，如高、低限，长、短限。能标识元件越限。

（6）提供负荷模型，用来描述负荷电压特性等。

（7）提供网络解列描述，对网络子系统（岛）的带电与否等状况进行动态描述。

（8）定义和修改数据时执行元件参数合理性检查，并有相应的信息提示。经过校核的数据库保证各个相关应用可用。

（9）保证数据输入源的唯一性。

（10）提供网络规模定义、修改手段，能容易地修改、扩充网络规模。

（11）系统能够以 CIM（公共信息模型）形式将本地区的网络模型传递给其他系统 / 程序模块使用。

4.1.21 网络拓扑

并网型储能电站涉及网络拓扑。网络拓扑软件应满足以下功能要求：

（1）网络拓扑是网络分析软件的公共模块，既可以作为一个独立应用，也可以作为子进程用于其他各应用中，既可以用于实时态，也可以用于研究态。

（2）在实时态时，网络拓扑分析可以由事件启动（开关、隔离开关变位）。

（3）能处理任何接线方式，如单母线、双母线、双母线带旁路母线、环形开关接线、旁路隔离开关等。

（4）具备完善的逻辑分析能力，对开关的任意状态能形成正确的母线模型。

（5）不仅处理开关状态，也处理网络中元件的状态信息，如线路、发电机等的人工切除状态。

（6）可以分析处理电气岛（子系统）情况，并确定死岛、活岛状态。

（7）对每个活的电气岛能够人工或自动指定参考（或平衡）发电机。

（8）确定单端开断的支路（线路或变压器）。

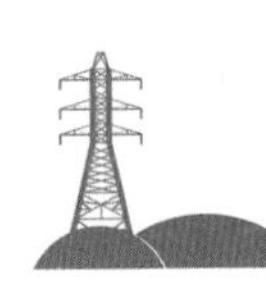

（9）确定网络中各元件带电、停电、接地及属于哪一电气岛等状态。

4.1.22 高级应用功能

高级应用功能包括诊断预警、全景分析。诊断预警功能包括诊断分析、报警方式、报警类型。全景分析功能包括电池可用容量 / 能量分析、电池可持续工作时间分析、电池可循环寿命分析、电池历史数据统计分析。

1. 诊断预警功能

实时监视储能系统各种运行数据，进行关联性分析，提供数据诊断和分析决策功能。在线分析电池串、电池堆、双向变流器及回路告警和故障信息，从设备的告警、异常和故障信息中进行分析，分析系统运行中可能存在的隐患问题，及时提供重要信息。分析对储能系统运行可能产生的影响，及时、准确地判断储能系统异常或故障类型，通知运行人员进行维护，提前做好应对措施，并自动实施异常工况限制、故障保护和声光报警显示功能。

监控储能回路、电池系统和变流器的运行状态和数据，进行关联性分析，提供数据诊断和分析决策功能。

（1）PCS 诊断分析。在线分析 PCS 及回路告警、故障信息，如交流电压过高、过低，交流频率过高、过低，直流电压过高、过低，变流器过载、过热、短路，散热器过热，变流器孤岛，DSP（数字信号处理器）故障，通信失败等。在线分析保护动作关联的遥测值和 SOE 记录之间的关联关系。

根据 PCS 运行状态和数据的判断，对 PCS 进行停运维护，紧固接插件，更换故障模块，甚至退出检修。

（2）电池系统诊断分析。在线分析电池串、电池堆告警及故障信息：单体电池（或电池模块）过电压、欠电压、过温、低温、过电流、SOC 越限等。

分析对储能系统运行可能产生的影响，及时提醒人员关注，并提前做好应对措施。如对储能系统定期进行 SOC 校核（含一键标定 SOC 功能）、更换特性不一致的电池组。在电池系统运行时，如果电池的电压、电流、温度等模拟量出现超过安全保护阈值的情况时，实现就地故障隔离，将问题电池组串退出运行，同时上报保护信息。

2. 全景分析功能

全景分析是数据的全景综合高级分析功能，根据上送的全景数据，分析系统运行状态，挖掘或抽取有用的信息，如储能系统 SOC、SOH、充放电次数、循环次数、充放电寿命、储能充放电效率、电池串内阻等。

基于全景分析算法，得出电池组重要信息（可用容量 / 能量、可持续工作时间、可循环寿命），并进行电池、PCS、储能回路的历史数据分析、电能表数据统计分析、事故追忆、日志管理等。

（1）电池组最大充电 / 放电功率。电池组的最大充电 / 放电功率是保证储能系统安全、经济和高效运行的重要条件，受限于电池组的最大充 / 放电电流、电池组的平均端电压和温度等，通过电流和电压计算和温度修正获取电池组最大充 / 放电功率。

（2）电池可用容量 / 能量分析。参考培特经验公式，分析放电电流 / 功率、SOC 与可用容量之间的函数关系，并通过温度进行校正。针对不同类型的电池，根据电池特性建立可用容量的函数模块；根据实时测得的数据，输入影响参数值，调用响应的函数模块，通过计算获得可用容量值。其中，放电电流、温度和 SOC 值由 BMS 提供；可用容量模块由单位自行开发。

（3）电池组可持续放电时间分析。可持续工作时间指基于电池组的实时状态，预测电池组在当前运行条件下可持续放电时间。电池组可持续工作时间受当前可用容量和 SOC 自身状态约束，同时和当前的运行条件密切相关。

（4）电池可循环寿命分析。电池组可循环寿命可通过两种计算方法获取，一是根据预期充放电循环次数（或预期寿命）和累计充放电循环次数（或运行时间），计算剩余充放电循环次数（或运行时间）；二是通过电池组容量衰减规律分析，计算系统容量下降至截止使用容量值的运行时间。

4.2 储能 EMS 对外接口

储能 EMS 负责整个储能站的综合监控，需要与各个子系统通信，包括 PCS、BMS、变电站监控、时钟系统、网荷智能控制终端、电网调度中心、智能辅助监控系统、运行维护检修系统、能源数据云平台、DCS、其他 SCADA 等。

4.2.1 储能 EMS 与储能 PCS 系统接口

储能 EMS 通过向 PCS 发送命令实现对储能电池的充放电控制。EMS 与 PCS 之间的通信协议常见的有 IEC 61850、IEC 60870-5-104、Modbus TCP 三种，PCS 作为服务器端，EMS 作为客户端，通信由客户端发起。为了与国家电网有限公司、南方电网有限责任公司的智能（数字）变电站通信标准保持一致，优先推荐使用 IEC 61850（MMS/GOOSE）规约。

4.2.2 储能 EMS 与储能 BMS 系统接口

储能 EMS 通过与 BMS 通信，获取储能电池的实时运行状态。EMS 与 BMS 之间的通信协议常见的有 IEC 61850、IEC 60870-5-104、Modbus、CAN 四种，PCS 作为服务器端，EMS 作为客户端，通信由客户端发起。为了与国家电网有限公司、南方电网有限责任公司的智能（数字）变电站通信标准保持一致，优先推荐使用 IEC 61850（MMS/GOOSE）规约。EMS 一般只是获取 BMS 信息，并不直接向 BMS 发送控制命令（设备启停命令除外）。

4.2.3 储能 EMS 与变电站监控系统接口

变电站监控系统主要对升压站一、二次设备进行综合监控。对小型储能电站来说，可

以把变电站监控系统的功能融合到储能 EMS 中，不再单独设立变电站监控系统。对大、中型储能电站来说，储能 EMS 与变电站监控系统都是独立的系统，储能 EMS 通过与变电站监控系统通信，获取升压站及电网的实时运行状态。储能 EMS 与变电站之间的通信协议常见的有 IEC 61850、IEC 60870-5-104 两种，变电站监控系统作为服务器端，EMS 作为客户端，通信由客户端发起。为了与国家电网有限公司、南方电网有限责任公司的智能（数字）变电站通信标准保持一致，优先推荐使用 IEC 61850（MMS/GOOSE）规约。储能 EMS 如果只是监视变电站运行状态，不发送控制命令，也可以采用国家电网有限公司 SVG 图形标准，通过远程画面调用的方式来显示变电站一次接线图。

4.2.4 储能 EMS 与对时系统接口

电力系统是一个实时系统，每时每刻都在发生变化，对电网的实时监控、状态分析都需要全网采用统一的时间基准。在电网或储能站出现异常或发生复杂故障的情况下，EMS 和故障录波装置需要准确记录各保护动作事件发生的先后顺序，用于对故障进行反演和分析。虽然每个装置都含有内部时钟，但由于各装置间的内部时钟经常有细微差异，初始时间也可能设置不准，无法保证装置与装置之间，装置与 EMS 之间的时间完全一致，因此，就要求采用统一的时钟源对站内所有设备进行对时。

（1）常用的时钟源有两种。

1）美国的 GPS（Global Positioning System）。GPS 的卫星上带有原子时钟，GPS 系统每秒发送一次信号，其发送时间精度在 1μs 以内，时间信息包括年、月、日、时、分、秒以及秒脉冲（pps）信号。地面装置通过 GPS 接收器实现对时。

2）中国的北斗卫星导航系统。北斗是中国自行研制的系统，采用双向交互机制。国家电网有限公司规范要求电力系统时钟装置必须首先支持中国北斗卫星导航系统。

（2）常用的对时方式有四种。

1）硬对时。采用脉冲对时方式，主要有秒脉冲（pps）、分脉冲（ppm）信号，以及时脉冲（pph）信号。这种方式通过电缆或光纤传输通道，采用 GPS 所输出的脉冲时间信号进行时间同步校准，获取 UTC（世界标准时间），精度较高。

2）软对时。主要通过网络或串口连接，以通信报文的方式发送时间信息，报文内容包括年、月、日、时、分、秒、毫秒等。软对时经常与脉冲对时配合使用，弥补脉冲对时只能对时到秒的缺点。

3）编码对时。IRIG-B（InterRange Instrumentation Group）是 IRIG（美国靶场仪器组）的 B 标准，是专为时钟传递制定的时钟码。又分为调制 IRIG-B 对时码和非调制 B 对时码。调制 IRIG-B 对时码，其输出的帧格式是每秒输出一帧，每帧有 100 个代码，包含了秒段、分段、小时段、日期段等信号。非调制 B 对时码，是一种标准的 TTL 电平。变电站里的 B 码发生器将 GPS 接收器的时钟信号转换成 IRIG-B 码输出给待对时装置，待对时装置里的 B 码解释器将 B 码转换成标准时间信息。时间精度可以达到微秒级。

4）网络对时。NTP（Network Time Protocol）是基于网络的精确时间发布协议，其本身的传输基于 UDP 广播协议。采用客户端 / 服务器（Client/Server）工作模式。服务器端的时钟基准来自 GPS 或北斗卫星时钟，客户端通过定期访问服务器获取时间信息，及时矫正自身的时间偏差，达到与服务器同步时钟的目的。这种方式可保证与 NTP 服务器在一个网上的所有客户端采用统一的时钟基准。

4.2.5 储能 EMS 与运行维护检修系统（跨隔离区）接口

对于并网的储能电站来说，储能 EMS 与运行维护检修系统分属于不同的安全区，通常储能 EMS 位于安全Ⅰ区，运行维护检修系统位于安全Ⅲ区，根据国家电网有限公司的信息安全要求，安全区Ⅰ区的系统与安全Ⅲ区连接时，中间必须加装单向物理隔离装置。加装正向隔离装置时，安全Ⅰ区的系统可以向安全Ⅲ区发送信息；加装反向隔离装置时，安全Ⅲ区的系统可以向安全Ⅰ区发送信息。除非特别需要，安全Ⅲ区的系统一般不允许向安全Ⅰ区发送信息。

对于非并网的储能电站来说，储能 EMS 与运行维护检修系统之间，推荐至少加装物理防火墙或采用加密传输，以免互相干扰。

4.2.6 储能 EMS 与辅助监控系统接口

储能 EMS 与辅助监控系统之间有两种连接方法。

方法一：两套系统相对独立，通过网络通信，两者之间可以实现联动。好处是松散耦合，互不干扰，独立施工，有利于储能 EMS 的稳定运行。

方法二：两套系统合二为一，辅助监控所有信息直接接入储能 EMS 中，视频画面可以嵌入储能 EMS 的人机界面中。好处是无缝连接、深度融合，一体化综合监控，从 EMS 就可以监控整站的全景信息。

4.2.7 储能 EMS 与其他 SCADA 和 DCS 系统接口

储能 EMS 应采用开放式架构，方便与其他 SCADA 系统和 DCS 系统的连接。应该支持通过串口或网络进行系统间通信，应该支持常用的通信协议，包括 IEC 61850、IEC 60870-5-104、Modbus、DNP3.0、OPC/OPC UA 等。储能 EMS 应提供数据总线、Web Services 接口、共享数据库等多种方式与其他系统共享信息。系统之间的互联，根据实际情况，可以加装防火墙或物理隔离装置或采用加密传输。

5 对时装置

储能电站应配置时间同步屏 1 面（主机双套配置），安放于二次设备预制舱（或二次设备室）。

5.1 基本技术条件

5.1.1 时间信号接收（输入）单元

1. 地面有线授时网络的技术指标

（1）物理接口：G.703 标准，非平衡，75Ω；平衡，120Ω。（可选）

（2）数据速率：2.048Mbit/s。

（3）帧结构：非成帧方式。

（4）同步方式：设备本端同步（主同步）；提取同步（从同步）。（可选）

（5）通道工作方式：通道可以配置成保护方式。

（6）通道保护方式：1+1 保护、通道保护、复用段保护、子网保护。

（7）通道同步方式：通道两端的通信系统必须保持全同步方式。

（8）建议采用 SDH 光通信网络的 E1 通道作为承载时间业务的通道。本项技术指标只在采用地面有线授时时采用。

2. 无线时间信号接收单元

（1）接收天线。

1）天线环境要求：工作温度为 −40~ +70℃，工作湿度为 100%，结露。

2）天线安装要求：天线安装位置应视野开阔，可见绝大部分天空，尽可能安装在屋顶。高出屋面距离不要超过正确安装必须的高度，以尽可能减少雷击危险。

天线电缆应根据其长度选择 RG-59 型、RG-58 型或其他合适的型号，以保证接收器需要的信号强度。天线电缆应按照正确的工艺安装，穿在建筑物预留管道或电线管道中到电缆层。

（2）GPS 接收器

1）接收载波频率：1575.42MHz（L1 信号）。

2）接收灵敏度：捕获，小于 −160dBW；跟踪，小于 −163dBW。

3）同时跟踪：装置冷启动时，不少于 4 颗卫星；装置热启动时，不少于 1 颗卫星。

4）捕获时间：装置热启动时，小于 2min；装置冷启动时，小于 20min。

5）定时准确度：≤ 1μs[1pps（Pulse Per Second）秒脉冲，相对于 UTC（世界标准

时间）]。

（3）北斗卫星接收器。

1）接收载波频率：2491.75MHz。

2）接收灵敏度：–127.6dBmW。

3）授时精度：≤ 100ns（单向）；≤ 20ns（双向），各接口在电气上均应相互隔离。

5.1.2 守时单元

（1）频率准确度：高级配置时小于或等于 3×10^{-10}，普通配置时小于或等于 1×10^{-9}。

（2）保持时间：高级配置时大于或等于 1h，普通配置时大于或等于 16min（在 1μs 精度的约束下）。

（3）内部电池：保证供电大于或等于 6h。

5.1.3 时间信号输出单元

输出的时间信号类型与电接口应符合电网公司的规定，各接口在电气上均应相互隔离。时间配送线路引入的时延必须固定，并小于 10μs。

5.2 主要技术要求

5.2.1 装置功能

时间同步设备为变电站中各种以计算机技术和通信技术为基础的电力二次设备提供了统一的全网时间基准，为发生事故后掌握实时信息，及时决策处理奠定了基础，有助于电网事故原因的分析和判断。

对配置双机系统的变电站，此时扩展单元应支持双机系统。

5.2.2 主时钟功能

主时钟由以下四个主要部分组成：

1. 时间信号接收（输入）单元

时间信号接收（输入）单元应具备同时接收 GPS、北斗、地面时间中心通过有线网络传递的时间信号的能力，以组成天地互补的、三源互比的时间系统，满足高精度、高可用的目标。

时间信号接收（输入）单元通过接收以无线或有线手段传递的时间信号，获得 1pps 和包含北京时间时刻和日期信息的时间报文，1pps 的前沿与 UTC（世界标准时间）秒的时刻偏差不大于 1μs，该 1pps 和时间报文作为变电站主时间。

时间信号接收（输入）单元接收地面时间中心通过有线网络传递的时间信号的能力为高级配置选项。

2. 守时单元

主时钟内部的时钟，当接收到外部时间基准信号时，被外部时间基准信号同步；当接收不到外部时间基准信号时，主时钟输出的时间同步信号仍能保证一定的准确度。

3. 时间信号输出单元

当主时钟接收到外部时间基准信号时，按照外部时间基准信号输出时间同步信号；当接收不到外部时间基准信号时，按照内部时钟守时单元的时钟输出时间同步信号。当外部时间基准信号接收恢复时，自动切换到正常状态工作，切换时间应小于 0.5s。切换时主时钟输出的时间同步信号不得出错：时间报文不得有错码，脉冲码不得多发或少发。

4. 设备管理单元

设备管理单元必须同时具备本地人机界面和远程集中网管功能。

（1）本地人机界面，包括：

1）电源状态指示。

2）外部时间基准信号指示。

3）时间信号锁定指示（本地晶振时间与外部基准时间有效同步）。

4）告警显示。

5）时间显示。

（2）远程集中网管，通过网络接口装置支持远程时间网管，其管理功能包括：

1）配置管理。包括模块配置、固定时延补偿配置。

2）告警管理。包括失锁告警、中断告警、电源告警等。

3）状态监视。包括守时状态、当前时间源、各时间源状态。

4）性能测试。监测 GPS、BD、地面时间之间的偏差。

5）远程遥控。遥控切换。

6）安全管理。

设备管理单元的远程集中网管功能为高级配置选项，可酌情选择。

5.2.3 接口扩展装置功能

（1）一般主时钟应输出足够数量的不同类型时间同步信号，当数量不够时，通过接口扩展装置扩充出不同类型时间信号，以满足不同使用场合的需要，并具有延时补偿功能。

（2）接口扩展装置的时间信号由主装置通过电或者光接口输入，当主时钟双机配置时，应为两路输入，两路间自动切换。

（3）接口扩展装置应具备远程集中网管功能。

5.2.4 推荐的设备参数

时间同步装置标准技术参数如表 5-1 所示。

表 5-1　　时间同步装置标准技术参数表

序号	参数名称		标准参数值
1	地面有线授时网络	物理接口	满足 G.703 数字网络接口建议
2		数据速率	2.048M
3		同步方式	设备本端同步 / 提取同步（可选）
4		通道同步方式	通道两端的通信系统必须保持全同步方式
5	GPS 接收器和天线	接收器接收灵敏度	捕获，小于 –160dBW；跟踪，小于 –163dBW
6		接收器捕获时间	热启动时小于 2min 冷启动时小于 20min
7		接收器时间准确度	优于 1 μs（1pps，相对于 UTC）
8		接收天线灵敏度	≤ –163dBW
9	BD 接收器和天线	接收灵敏度	–127.6dBmW
10		授时精度	≤ 100ns（单向） ≤ 20ns（双向）
11	守时单元	频率准确度	普通配置：频率准确度≤ 1×10^{-9}。 高级配置：频率准确度≤ 3×10^{-10}
12		保持时间	普通配置：≥ 16min。 高级配置：≥ 60min （在 1 μs 精度的约束下）
13		内部电池	≥ 6h
14	时间信号输出单元的时延		<10 μs
15	配送线路引入的时延		<10 μs
16	电源	交流电源	电压：220V，–20% ~ +15%。 频率：50Hz，±5%。 谐波含量：小于 5%
17		直流电源	电压：220/110/48V，–20% ~ +15%。 纹波系数：小于 5%
18		供电方式	双电源供电
19	可靠性（MTBF）		≥ 25000h

6 协调控制器

协调控制器与并网点的TV、TA直接连接，完成并网点的电压、频率、功率等的高速采集。通过级联架构实现储能系统的一次调频、动态调压和紧急功率支撑等控制功能。

协调控制器应具有中国合格评定国家认可委员会（CNAS）试验合格的证明文件。

6.1 遵循标准

协调控制器应该遵循以下标准：

（1）Q/GDW 10131《电力系统实时动态监测系统技术规范》。

（2）GB/T 2423.10《环境试验　第2部分：试验方法　试验Fc：振动（正弦）》。

（3）GB/T 2887《计算机场地通用规范》。

（4）GB/T 4208《外壳防护等级（IP代码）》。

（5）GB/T 9361《计算机场地安全要求》。

（6）GB/T 10125《人造气氛腐蚀试验　盐雾试验》。

（7）GB/T 17626.2《电磁兼容　试验和测量技术　静电放电抗扰度试验》。

（8）GB/T 17626.3《电磁兼容　试验和测量技术　射频电磁场辐射抗扰度试验》。

（9）GB/T 17626.4《电磁兼容　试验和测量技术　电快速瞬变脉冲群抗扰度试验》。

（10）GB/T 17626.5《电磁兼容　试验和测量技术　浪涌（冲击）抗扰度试验》。

（11）GB/T 17626.6《电磁兼容　试验和测量技术　射频场感应的传导骚扰抗扰度》。

（12）GB/T 17626.8《电磁兼容　试验和测量技术　工频磁场抗扰度试验》。

（13）GB/T 17626.9《电磁兼容　试验和测量技术　脉冲磁场抗扰度试验》。

（14）GB/T 17626.10《电磁兼容　试验和测量技术　阻尼振荡磁场抗扰度试验》。

（15）GB/T 17626.11《电磁兼容　试验和测量技术　电压暂降、短时中断和电压变化的抗扰度试验》。

（16）GB/T 17626.12《电磁兼容　试验和测量技术　振荡波抗扰度试验》。

（17）GB/T 17626.29《电磁兼容　试验和测量技术　直流电源输入端口电压暂降、短时中断和电压变化的抗扰度试验》。

（18）GB/T 19520.12《电子设备机械结构482.6mm（19in）系列机械结构尺寸　第3-101部分：插箱及其插件》。

（19）GB/T 14598.24《电度继电器和保护装置　第24部分：电力系统暂态数据交换（COMTRADE）通用格式》。

6.2 技术参数

6.2.1 电源

1. 直流电源

（1）直流电源电压：支持 110V 或 220V，允许偏差为 –20% ~ +15%。

（2）直流电源电压纹波系数小于 5%。

2. 交流电源

（1）额定电压：单相 220V，允许偏差为 –20%~+15%。

（2）频率：50Hz，允许偏差为 ± 0.5Hz。

（3）波形：正弦，波形畸变不大于 5%。

6.2.2 环境指标

协调控制器的工作环境温度和湿度范围要求见表 6-1。

表 6-1 工作环境温度和湿度范围要求

级别	环境温度		湿度		使用场所
	范围（℃）	最大变化率（℃/h）	相对湿度（%）	最大绝对湿度（g/m^2）	
C0	–5 ~ +45	20	5~95	28	室内
C1	–25 ~ +55	20	5~100	28	遮蔽场所
C2	–40 ~ +70	20	5~100	28	户外

6.2.3 机械振动

机械振动性能满足如下要求：

（1）正弦稳态振动、冲击、自由跌落的参数等级见 GB/T 2423.10 中规定。

（2）装置防护性能：符合 GB/T 4208 规定的 IP20 级要求。

6.2.4 绝缘性能

1. 绝缘电阻

装置各电气回路对地和各电气回路之间的绝缘电阻满足如表 6-2 所示要求。

表 6-2 绝缘电阻

额定绝缘电压 U（V）	绝缘电阻要求（MΩ）	测试电压（V）
$U \leqslant 60$	⩾ 5	250
$60<U$	⩾ 5	500

注 与二次设备及外部回路直接连接的接口回路采用 U>60V 的要求。

2. 绝缘强度

电源回路、交流电量输入回路、输出回路各自对地和电气隔离的各回路之间，以及输出继电器动合触点之间，能耐受表 6-3 中规定的 50Hz 交流电压，进行历时 1min 的绝缘强度试验，试验时不得出现击穿、闪络现象。

表 6-3　　试验电压

额定绝缘电压 U（V）	试验电压有效值（V）
$U \leqslant 60$	500
$60<U \leqslant 125$	1000
$125<U \leqslant 250$	1500
	2500

注　电压为 $125<U \leqslant 250$ 时，户内场所介质强度选择 1500V，户外场所介质强度选择 2500V。

3. 冲击电压影响

以 5kV 试验电压、1.2/50μs 冲击波形，按正负两个方向，施加间隔不小于 5s；用三个正脉冲和三个负脉冲，以下述方式施加于交流工频电量输入回路和装置的电源回路：

（1）接地端和所有连在一起的其他接线端子之间。

（2）依次对每个输入线路端子之间，其他端子接地。

（3）电源的输入和大地之间。

冲击试验后，交流工频电量测量的基本误差应满足其等级指数要求。

4. 湿热影响

湿热条件：温度为（40 ± 2）℃，相对湿度为 90%~95%，大气压力为 86~106kPa 下绝缘电阻的要求如表 6-4 所示。

表 6-4　　湿热条件绝缘电阻

额定绝缘电压 U_i（V）	绝缘电阻要求（MΩ）
$U_i \leqslant 60$	≥ 1.5（用 250V 绝缘电阻表）
$U_i>60$	≥ 1.5（用 500V 绝缘电阻表）

6.2.5　功率消耗

装置输入回路及电源功耗应满足如下要求：装置电源最大功耗小于 80W。

6.2.6　电磁兼容性能

抗扰度能力要求满足 GB/T 17626.6，具体性能试验和要求见表 6-5。

表 6-5　电磁兼容试验要求

序号	试验名称	引用标准	等级要求
1	静电放电抗扰度	GB/T 17626.2	Ⅳ级
2	射频电磁场辐射抗扰度	GB/T 17626.3	Ⅲ级
3	电快速瞬变脉冲群抗扰度	GB/T 17626.4	Ⅳ级
4	浪涌（冲击）抗扰度	GB/T 17626.5	Ⅳ级
5	射频场感应的传导骚扰抗扰度	GB/T 17626.6	Ⅲ级
6	工频磁场抗扰度	GB/T 17626.8	Ⅴ级
7	脉冲磁场抗扰度	GB/T 17626.9	Ⅴ级
8	阻尼振荡磁场抗扰度	GB/T 17626.10	Ⅳ级
9	电压暂降、短时中断和电压变化的抗扰度	GB/T 17626.11 GB/T 17626.29	短时中断
10	振荡波抗扰度	GB/T 17626.12	Ⅲ / Ⅳ级

注　1. 电压暂降、短时中断和电压变化的抗扰度要求短时中断时间不小于 100ms。
2. 振荡波抗扰度差模试验电压值为共模试验值的 1/2。
3. 进行以上电磁兼容试验时，装置的测量准确度改变量不大于 200%。

6.2.7　主要接口配备

（1）模拟量输入：多路通道，支持交流电压（额定值为 57.735V）、交流电流（额定值为 1A 或 5A）。

（2）开入量：多路。

（3）开出量：多路。

（4）网络接口：至少 2 个（RJ-45）。

（5）对时接口：至少 1 个直流差分 RS-485 电平接口，1 个 IRIG-B 多模光纤接口为 850nm 的 ST 光纤接口。

6.3　装置功能

6.3.1　基础功能

（1）具有自检功能，包括装置硬件故障、软件故障、装置失电等自检，应能给出告警或异常信号。

（2）协调控制器在控制动作、告警以及与之通信的设备发生遥信变位等事件时，对应的事件顺序记录。装置所记录信息，在装置失去供电电源的情况下不能丢失。

（3）协调控制器应具备就地及远方设置定值、定值区切换、事件记录等功能。

6.3.2 时间同步

（1）装置具有 IRIG-B 的光接口和电接口，能够接收站内同步时钟装置对时信号，作为数据采样的基准时间源。

（2）对应的时标在每秒内均匀分布。

（3）具备守时功能。

6.3.3 实时监测功能

实时监测功能具有同步测量安装点的三相基波电压、三相基波电流、频率、频率变化率、功率和开关量信号的功能。

6.3.4 实时通信功能

（1）与设备通信的底层传输协议采用 TCP 协议，应用层协议应满足 IEC 60870-5-104、Modbus TCP、IEC 61850/GOOSE 的要求。

（2）与监控系统的底层传输协议采用 TCP 协议，应用层协议应满足 IEC 60870-5-104、Modbus TCP、IEC 61850/GOOSE 的要求。

6.3.5 一次调频

（1）具备实时采集送出线路频率的功能，当频率越限时，根据一次调频相关定值，控制储能电站有功出力。

（2）一次调频功能包含频率死区定值、调差率、调幅限制等定值，根据调度部门下发一次调频定值进行整定。

（3）在电网频率越过一次调频死区定值开始到协调控制器输出有功功率指令的最长延时不超过 20ms。

6.3.6 动态调压

（1）具备实时采集母线电压的功能，当电压越限时，根据动态调压相关定值，控制储能电站无功出力。

（2）动态调压功能包含电压死区定值、调压系数等定值，根据调度部门下发动态调压定值进行整定。

（3）在电网频率越过动态调压死区定值开始到协调控制器输出无功功率指令的最长延时不超过 20ms。

6.3.7 紧急功率支撑

（1）协调控制器具备硬触点开入功能，当开入为正时，控制储能电站以最大功率进行放电。

（2）在硬触点开入信号为正开始到协调控制器输出有功功率指令结束的最长延时不超过 10ms。

7

网荷智能控制终端

网荷智能控制终端（以下简称控制终端）部署在储能电站二次设备预制舱，具备储能电站能量管理系统 EMS 的接入能力，同时无缝接入现有精准切负荷控制系统，满足精准切负荷控制系统相关要求，实现储能电站对电网的毫秒级支撑。

网荷智能控制终端对 PCS 有优先控制权，网荷智能控制终端对 PCS 进行控制及控制结束后都应及时告知 EMS，以便移交对 PCS 的控制权。

7.1 主要技术要求

7.1.1 温湿度范围

网荷智能控制终端适用于户内使用，工作场所环境温湿度范围如表 7-1 所示。使用时可根据实际使用情况对温度范围提出特殊要求。

表 7-1 温湿度范围

级别	温度		湿度	
	范围（℃）	最大变化率（℃/min）	相对湿度（%）	最大绝对湿度（g/m³）
C1	–5 ~ +45	0.5	5~95	20
C2	–5 ~ +45	0.5	10~100	29
C3	–5 ~ +45	1	10~100	35
C*X*	特定			

7.1.2 供电电源要求

1. 电源供电方式

（1）市电交流 220V 供电。

（2）现场直流 220V 供电。

（3）终端的交流电源、直流电源按 GB/T 15153.1—1998《远动设备及系统　第 2 部分：工作条件　第 1 篇：电源和电池兼容性》中 4.2 和 4.3 的有关规定执行。

2. 电源技术参数指标

（1）电压标称值为 220V 或 110V（DC/AC）。

（2）允许输入电压范围为 U_n ± 20%（88~264V DC/AC）。

（3）标称频率为50Hz，频率允许偏差为 ±5%。

3. 整机功耗要求

装置整机功耗不高于30W（不含通信模块）。

7.2 功能要求

网荷智能控制终端是新型负荷及电源控制终端设备，采用模块化的设计思想，具备"实时采集、监视和控制"、储能电站能量管理系统EMS接入等功能。可接入现有精准切负荷控制系统，是大用户（或储能电站）现场负荷（或电源）数据采集和控制执行单元。

7.2.1 实时采集

（1）至少能实现8个分支负荷线路三相交流电压、电流采集：实现电压、电流、有功功率、无功功率、功率因数、频率的测量和计算；具备与储能电站能量管理系统EMS信息通过标准的通信规约（如DL/T 634.5104）通信，获取电站当前最大放电功率的能力。

（2）状态量采集：至少可采集30路开关状态信号，遥信分辨率不大于10ms。

7.2.2 负荷控制和管理

1. 电网稳定控制

终端具备至少八组分合继电器控制输出，可根据电网故障时的调度指令，实时接收主站的切负荷命令，完成负荷线路的毫秒级快速切除控制，既可实现分轮分类切除控制，也可实行全切控制；在电网故障恢复后，能按上级子站的要求，自动恢复部分负荷，对负荷分支线路开关进行合闸控制，跳闸和合闸矩阵可设置。

2. 电站充放电控制

源网荷互动终端设备采用干触点直接与功率变换系统PCS接口，采用串口与储能站监控后台通信，策略如下，分位三个时间节点：

（1）节点1：当发生特高压直流闭锁等设备故障时，精切系统启动按策略切除电网负荷，此时精切主站立刻发命令至储能电站源网荷终端投入PCS系统，不管电池系统是在充电或者在热备用状态，在接到精切主站命令时PCS设备立刻满功率放电。

（2）节点2：PCS满功率放电1s后，源网荷终端向监控系统发信号，告知监控系统PCS运行装置状态，PCS解锁，此时由监控开始调节PCS放电容量，全部放电完或者保留部分电池电量不满发。

（3）节点3：PCS接到源网荷命令5min后，源网荷终端信号复归，由监控系统继续监控PCS设备运行状态。

具体源网荷终端运行策略按各省公司制定的策略执行。

3. 允切负荷分类统计功能

终端应能把所有负荷线路中的允切负荷分成三类（如空调、照明等一类、可中断的生产性负荷一类、其他负荷一类），并能将每个支路的负荷进行分类统计上送，在需要切负荷时，既可实现全切负荷，也可以按分类切除，能实现更加精准的切负荷控制。

4. 试验功能

终端可接收上级控制子站发来的试验控制指令，用于切负荷或储能放电的操作测试。

5. 软连接片设置

终端应能支持软连接片设置，通过为装置和负荷分支线路设置其投退状态，并能与跳闸出口的硬连接片一起进行串联控制。

6. 跳闸和合闸出口矩阵设置

终端应能为每轮跳闸出口进行跳闸和合闸矩阵设置，灵活控制分支负荷线路。

7. 定值设置和管理功能

终端应能根据不同的功能和运行要求就地设置和调整装置内部的定值。

7.2.3 运行监控

（1）可监视多达两条母线和八路支线的用户进出线的电压、电流、有功功率、无功功率等多个电气量数据，以及显示从 EMS 获取的电站当前最大放电功率。

（2）可对终端的运行状况以及终端的硬件异常、逻辑状态、板件状态、断电或回复等信息进行监视。

（3）可监视用户的实时负荷变化情况，并根据接收主站下发的相应负荷功率控制策略配置控制参数，控制管理用户的负荷。

（4）可对状态变位、功控记录、遥控操作等多种类型事件进行记录存储。

（5）具有历史数据存储能力：包括可记录不低于 256 条事件记录、256 条操作记录及不少于 10 条装置异常记录等信息。

（6）具备对时功能：能接收主站对时命令，或本地对时装置的网络、对时脉冲等多种对时命令，与系统时钟保持同步。

（7）具备通信监视功能：装置每个通信接口的通道监视功能。

7.2.4 终端动作事件记录和故障录波数据记录

（1）终端至少可存储 10 次动作事件记录和故障录波记录。

（2）每条记录可存储故障发生前 200ms、后 5s 的数据。

7.2.5 其他

（1）具备当地或远方维护功能：可进行参数、定值的远方修改整定，远程程序下载升级。

（2）具备自诊断、自恢复功能，可对分板板件或芯片进行自诊断，故障时能传送报警信息，异常时能自动复位。

（3）具备软、硬件防误措施：采用高可靠性软件与硬件设计方案，保证控制操作的可靠性。

7.3 通信接口要求

网荷智能控制终端应提供的接口如表 7-2 所示。

表 7-2　网荷智能控制终端应提供的接口表

序号	接口类型	通信协议
1	以太网电口	IEC 60870-5-104 协议或者其他标准协议，用于与 EMS 通信，实现双方数据的交互
2	串口	串口协议应可与 EMS 通信，实现双方数据的交互
3	光纤接口	双方自定义协议，用于与精准切负荷上级主站通信，实现毫秒级切负荷

7.4 基本性能要求

7.4.1　交流模拟量输入

1. 交流工频模拟量输入

网荷智能控制终端的交流工频模拟量输入标称值如表 7-3 所示。

表 7-3　交流工频模拟量输入标称值

电流（A）	电压（V）	频率（Hz）
1	110/220	50
5	110/220	50

2. 允许基本误差极限

网荷智能控制终端的交流工频模拟量输入的各电气量以百分数表示的误差极限如表 7-4 所示。

表 7-4　各电气量以百分数表示的误差极限

项目	误差极限
电压	± 0.5%（10%~140%，45~55Hz）
电流	± 0.5%（10%~200%）
频率	± 0.01Hz
有功功率	± 1%
无功功率	± 1%

3. 交流工频量允许过量输入的能力

应满足 DL/T 630—2020《交流采样远动终端技术条件》中 4.5.9 的规定。

7.4.2 开关量输入

支持无源空触点接入，输入回路应有电气隔离和滤波回路。

7.4.3 开关量控制输出

1. 技术参数

网荷智能控制终端的开关量控制输出技术参数如表 7-5 所示。

表 7-5 开关量控制输出技术参数

序号	项目	装置
1	最高工作电压	380V AC、250V DC
2	触点形式	无源空触点
3	触点耐压	1200RMS（均方根），1min
4	连续载流能力	5A

2. 触点寿命

通断上述额定电流不少于 105 次。

8 调度数据网及二次安全防护设备

每个储能站都需配置2套调度数据网及二次安全防护设备，置于储能电站二次设备预制舱（或二次设备室）。

8.1 基本技术条件

（1）额定交流电压：AC 220V。

（2）额定直流电压：DC 220V。

（3）UPS 电压：AC 220V。

（4）额定频率：50Hz。

（5）工作电源：间隔层设备（包括网络设备）采用 DC 220V，站控层计算机设备采用 AC 220V 不间断电源。

8.2 配置方案及主设备技术要求

8.2.1 调度数据网及二次防护配置方案

1. 调度数据网配置原则

具体项目设备数量需根据系统接入报告及批复要求，结合项目本地调度运行习惯进行配置。

设备典型配置：

（1）路由器端口配置为4个 FE 口，4个 E1 口和8个异步口。

（2）交换机分别用于连接控制区的远动通信设备和非控制区的电能量远方终端。

2. 二次安全防护配置原则

（1）二次安全防护配置控制区系统包含计算机监控系统，继电保护装置和安全自动装置等；非控制区包含电能量计量系统、保护及故障信息管理子站、相量测量装置等。

（2）各安全区之间通信均需选择适当安全强度的隔离装置。控制区与非控制区之间需采用经有关部门认定核准的硬件防火墙或相当设备进行逻辑隔离，应禁止 W-mail、Web、Telnet、Rlogin 等服务穿越安全区之间的逻辑隔离。

（3）在纵向安全防护方面，控制区与非控制区接入调度数据网时，应配置纵向加密认证装置，实现网络层双向身份认证、数据加密和访问控制，也可与业务系统的通信网关设备配合，实现部分传输层或应用层的安全功能。

3. 信息采集

根据《国家电网公司关于加快推进电力监控系统网络安全管理平台建设的通知》（国家电网调〔2017〕1084 号）要求，应配置Ⅱ型网络安全监测装置 1 台。网络安全监测装置采集电厂的涉网服务器、工作站、网络设备、安全防护设备、数据库等监测对象的信息，采集变电站的服务器、工作站、网络设备、安全防护设备、数据库等监测对象的信息。

4. 方案示意图

变电站系统与调度端连接示意图如图 8-1 所示。

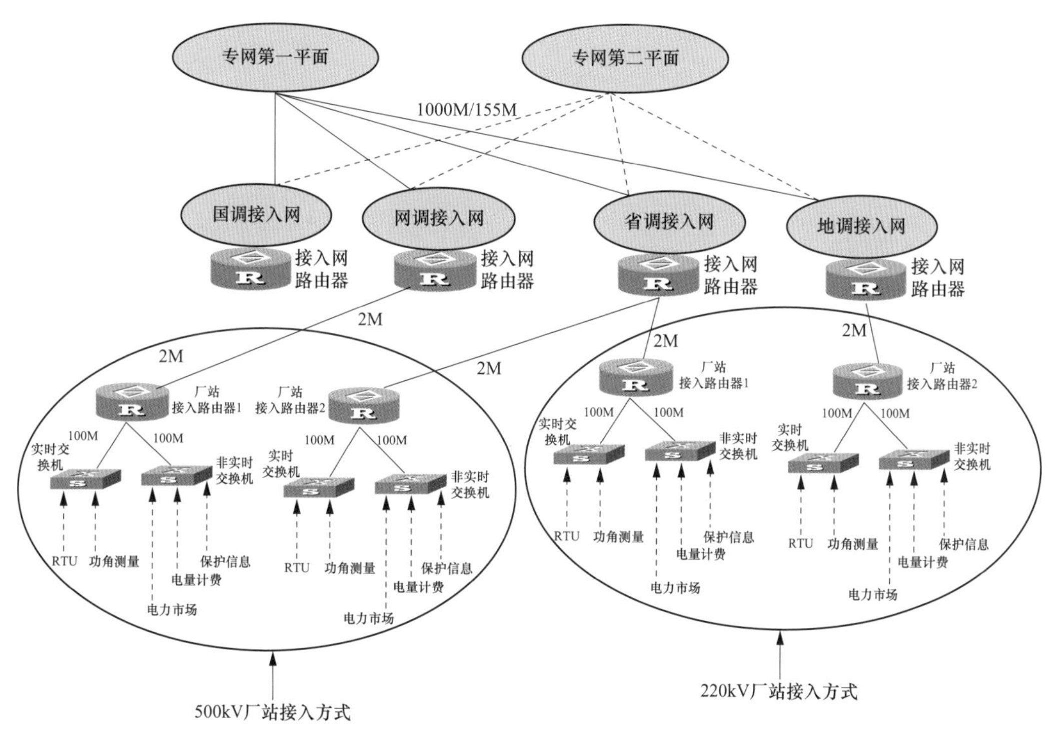

图 8-1　变电站系统与调度端连接示意图

8.2.2　路由器技术要求

1. 系统概述

（1）网络结构。调度数据网络用于承载传输储能电站自动化系统实时数据、电能量计量信息等业务，是由省、地区公司和储能电站组成的网络。

在运行维护管理方面，在省、地区公司设立调度数据网的网管中心，负责该省调度数据网络的管理。

（2）业务描述。调度数据网络主要承载储能电站自动化系统的实时数据、电能量计量信息等业务。调度数据网承载的业务对网络可靠性要求高，网络的可用率、实时业务的传

输时延（业务应有不同的优先级）、网络的收敛时间等关键性能指标应予以保证。

2. 网络技术要求

调度数据网网络主要指标要求如下：

（1）网络的最大忙时，端到端时延，要求小于 150ms；

（2）网络的最大忙时，端到端抖动，要求小于 50ms；

（3）网络的最大忙时，端到端丢包率（标准包长，网络负载为 70%），要求小于 10^{-3}；

（4）全网路由的收敛与恢复速度，要求小于 40s[hello（初次招呼）时间间隔为 10s 时]；

（5）网络的可用率要求不小于 99.99%。

注：端到端是指在本工程所建 IP 网上的 IP 包端到端传送。

8.2.3 以太网交换机技术要求

1. 环境要求

（1）环境温度：

1）Ⅰ级：–40 ~ +70℃；

2）Ⅱ级：–10 ~ +50℃；

（2）相对湿度：10% ~ 95%（在交换机内部不应凝露，也不应结冰）。

（3）大气压力：86 ~ 106kPa（海拔 1500m 以下）。

注：环境温度中Ⅰ级适用于安装于户外的以太网交换机或用于高可靠性传输要求的以太网交换机，如传输跳闸信号等。

2. 机箱尺寸

为便于安装，在储能电站内应用交换机采用标准机箱，高度采用 1U（44.45mm）的整数倍，深度可以视具体情况而定；其他环境应用交换机暂不做规定。

3. 接地要求

交换机应当具有接地端子，并应有相应的标识。

4. 基本功能

（1）数据帧转发。交换机应支持电力相关协议数据的转发功能，如 IEC 60870-5-104、IEC 61850 相关协议的数据帧转发。

（2）数据帧过滤。交换机应实现基于 IP 或 MAC 地址的数据帧过滤功能。

（3）网络管理。

1）支持简单网络管理协议；

2）提供安全 Web 界面管理；

3）提供密码管理。

（4）网络风暴抑制。

1）支持广播风暴抑制；

2）支持组播风暴抑制；

3）支持单播风暴抑制。

（5）组网功能。可以按照电力系统的需求进行组网，组网方式至少包括：

1）星形；

2）环形；

3）双星形；

4）双环形。

（6）互联网组管理协议。交换机应实现互联网组管理协议功能。

（7）镜像。镜像包括单端口镜像和多端口镜像。

单端口镜像指镜像端口只复制（监视）一个端口数据，多端口镜像指镜像端口同时复制（监视）几个端口数据。

在保证镜像端口吞吐量的情况下，镜像端口不应当丢失数据。

（8）多链路聚合。逻辑上多条单独的链路作为一条独立链路使用，以获得更高带宽，链路聚合功能开启过程中不应有数据丢失。

8.2.4 纵向加密装置技术要求

1. 产品规格

（1）产品型式。

1）装置前面板应有 IC 卡插口，IC 卡指示灯、电源灯、告警灯、其他必要的指示灯；

2）装置背板有（括号中为相应接口的印字）：交流 220V 电源输入；

3）箱内包括电源开关、机箱锁、外网口、内网口、配置口（控制台）、其他必要的接口。

（2）产品名称。

产品名称为电力专用纵向加密认证装置。

（3）外形尺寸。

1）高度：1U；

2）宽度：19in（1in=0.0254m）；

3）深度：不做要求。

2. 性能要求

（1）增强型装置密文数据包吞吐量：大于 60Mbit/s；

（2）普通型装置密文数据包吞吐量：大于 32Mbit/s。

（3）省调及以上调度中心端装置性能指标要求：

1）最大并发加密隧道数：大于 1024 条；

2）100Mbit/s LAN 环境下，加密隧道协商建立延迟：小于 1s；

3）明文数据包吞吐量：大于 40Mbit/s（在 50 条安全策略、1024 字节报文长度的情况下）；

4）密文数据包吞吐量：大于 20Mbit/s（50 条安全策略、1024 字节报文长度）；

5）数据包转发延迟：小于 2ms（50% 密文数据包吞吐量）；

6）满负荷数据包丢弃率：0。

（4）地调及以下调度中心端装置性能指标要求：

1）最大并发加密隧道数：大于 1024 条；

2）100Mbit/s LAN 环境下，加密隧道建立延迟小于 1s；

3）明文数据包吞吐量：大于 20Mbit/s（50 条安全策略、1024 报文长度）；

4）密文数据包吞吐量：大于 5Mbit/s（10 条安全策略、1024 报文长度）；

5）数据包转发延迟：小于 2ms（50% 密文数据包吞吐量）；

6）满负载数据包丢弃率：0。

3. 扩展功能要求

（1）网络环境适应性：装置支持路由模式与透明模式。现有的网络拓扑结构无须变动，即可实现各种实时信息的加密传输。保证不同网段应用的无缝透明接入，支持多种网络接入环境，包括标准的 802.1Q 多 VLAN 环境、地址借用的网络环境等。

（2）安全加固：操作系统内核应用最新的安全补丁；自定义协议栈，网络数据的处理完全可控。只有符合本机安全策略的数据才能到达装置网络层以上协议；加密网关支持对电力应用进行应用层选择性加密保护，所有应用都采用定制的安全协议，可有效防御攻击。

（3）可靠性与自愈能力：有专门的系统监控模块，负责对密码模块、远程管理模块和密钥同步模块等进行监控，一旦发现软、硬件异常情况，监控进程将予以审计记录，同时尝试进行修复。系统（增强型）支持双机冗余备份，保证核心节点系统通信的高可靠性。支持双电源冗余工作，保证系统的高可靠性。

（4）为了便于网络运行的可靠性，加密装置一旦发现隧道对端装置断开或者明通（非加密通信）则支持明通自适应功能，自动将加密处理的报文转为明通处理。

（5）支持手工批量配置明通或密通（加密通信）策略。

9 智能辅助监控系统

储能电站配置智能辅助监控系统屏，包含图像监视及安全警卫子系统 [含储能电站户外视频监视及二次设备预制舱（或二次设备室）等视频设备]、环境监测子系统、火灾自动报警及消防子系统，主机安放于二次设备预制舱（或二次设备室）。

储能 EMS 应实现与智能辅助监控系统的联动，当发生事故或紧急情况时，EMS 可以向智能辅助监控系统发送命令，控制摄像头马上对准情况发生地。当发生安全事故时，辅助监控系统可以主动将报警信息发送给储能 EMS，提醒调度值班人员及时采取措施。

智能辅助监控系统应该支持基于 AI 的图像识别，支持设备自动或手动巡检。

9.1 图像监视、安全警卫及环境监测子系统

图像监视、安全警卫及环境监测子系统应采用数字系统的解决方案，整个系统由摄像机、线缆、显示屏、录像设备（包括大容量硬盘存储器）、计算机、视频服务器（内含视频压缩卡）、接口设备、系统软件、各种应用软件等组成。系统应将模拟视频图像信号在被采集之前或在采集的同时，转换成数字信号，并进行压缩处理，即视频图像的采集、显示、控制、存储和网络传输等各部分均采用数字系统方案。

（1）整个闭路安全防护遥视系统图像质量指标应达到：

1）水平清晰度：≥ 540TVL；

2）复合信号幅度：1VP–P+3dB；

3）灰度等级：8 级；

4）信噪比：≥ 50dB；

5）图像质量主观评价：不低于四级（按 GB 5115—2009 分级）。

（2）摄像机、镜头与摄像机防护。

1）摄像机选用一体化摄像机，分辨率应在 540TVL 以上，光圈 F1.2 时最低照度为 0. 4Lx，具有背光补偿功能。

2）镜头应采用自动光圈，按监视距离、监视物体的状况及范围采用手动变焦摄像探头，应具备不低于 22 倍光学变焦能力。

3）摄像机及其配套设备包括云台、防护罩、解码器和现场控制箱，以及室外防护罩需配套的遮阳罩、风扇、雨刷、加热器等。

4）设置在爆炸危险区域的摄像机及其配套设备，必须采用与爆炸危险介质相适应的防爆产品。

5）摄像机及其配套设备的 IP 防护等级，应根据环境条件确定。

（3）显示与控制设备。设置录像设备的系统，其图像信息保存应符合下列规定：

1）应保存原始场景的监视记录。

2）监视记录应有原始监视日期和时间等信息。

3）所有图像信息存储或复制备份的资料，其保存时间：周界 3 个月以上，其他 1 个月以上。

（4）系统扩展。

系统应留有必要的为储能电站今后扩建的扩展能力。

（5）安全防护遥视（远程监视）系统监视点。

1）监视点在工程实施阶段可根据实际需要进行调整。

2）应根据现场镜头安装位置确定每个镜头的焦距。

（6）安全防护遥视系统由前端设备、传输设备、电源设备、图像显示设备、中心控制设备等几部分组成。

1）前端设备：主要包括摄像机及镜头（手动变焦）、云台、摄像机防护罩、解码器等。

2）传输设备：主要包括网络接口设备、同轴电缆、控制线缆及电源线缆等。

3）电源设备：主要包括交流隔离稳压电源、配电装置（设在机柜内）、就地电源箱等。

4）图像显示设备：主要包括显示屏、录像设备（包括硬盘录像机）等。

5）中心控制设备：主要包括视频服务器、控制调试用数字主机、操作切换设备、机柜等。

（7）系统摄像探头应能自动适应光照变化，使图像始终保持清晰。

（8）室内外防护罩均应具有全密封、免维护的特点，可直接用水冲洗。设置在特殊环境下的摄像机，应采用与环境条件相适应的防护装置。

（9）固定式摄像探头配置自动光圈手动变焦镜头和机架，在安装时，调整至最佳状态，使用时无需进行控制。

（10）安装支架应安装维护方便，防腐性好。

（11）提供的设备的室内外壳防护等级至少为 IP54，安装于现场和室外的设备、控制箱等的防护等级均应达到 IP65。

（12）视频信号传输应充分考虑抗干扰问题。

9.2 火灾自动报警及消防子系统

1. 设计依据

（1）GB 50016《建筑设计防火规范（2018 年版）》。

（2）GB 50116《火灾自动报警系统设计规范》。

（3）GB 50166《火灾自动报警系统施工及验收标准》。

（4）GB 50229《火力发电厂与变电站设计防火标准》。

2. 设备规范

火灾自动报警系统设一套火灾报警控制器，布置在值守室，实现对二次室、开关室、电缆沟、电池舱、PCS 舱等区域的消防报警及控制系统的监控，能够实现全范围内消防报警及控制系统的操作和信息共享。火灾自动报警系统应能在变电站特定条件下可靠运行，以确保系统的正确性、稳定性。

控制器应能够实时显示火灾报警、故障、状态信息，并能按时间顺序打印历史资料信息；探测报警区域内，任何一点出现报警，能发出声光报警信号、显示文字信息。

3. 控制要求

当探测器或监视模块发出火灾报警信号后，系统应能自动识别误报信号，而且对误报信号仅做记录，不发出报警；对于真实报警信号，系统应能打开声光报警器提示工作人员。同时也应能自动 / 手动启动消防泵，自动开启相应区域的专用灭火装置进行自动灭火。

4. 元器件要求

（1）在选择火灾探测器时，应根据火灾的特点及探测点的环境来选择。探测器应具备防潮、防渗水功能，电子编码，功耗低，抗干扰能力强。优先选用符合 RoHS 指令的产品。

（2）控制系统的容量不应小于报警区域的探测区域总数，应留有 20% 的余量。

（3）灯光警报装置和音响警报装置其中一种发生任何故障应不影响另一种装置正常工作。警铃铃声清晰、响亮，音质稳定；敲击柱强度高，安全可靠，外形美观。

（4）火灾报警控制器要求具有自动检测、灵敏度可调、故障自动监测、能够准确判断火灾真伪；具有数据上传功能（RS-485/RS-232、TCP/IP 接口），系统具备良好的扩展功能，并提供相应通信规约，实现远程信号传输或控制；具有火灾报警信号无源输出触点；采用可充电电池作为数据存储的后备电源。

（5）红外光束感烟探测器由发射器和接收器组成，保护长度在 5~100m 之间，光束之间的距离小于或等于 14m；可对灰尘、温度等环境变化进行自动补偿；易于安装调试，可以在墙壁或顶棚安装，带有必要辅件。

（6）手动报警按钮要求外形美观，可以满足各种环境需求；可靠性、稳定性高；采用可恢复式启动零件，专用钥匙复位。

（7）短路隔离器可自动隔离故障，并带有故障隔离显示。

（8）某一个控制器或模块故障，不影响其他控制器及模块的正常运行。

（9）电源故障应属系统的可恢复性故障，一旦重新供电，控制器及模块应能自动恢复正常工作而无需运行人员的任何干预。

（10）火灾自动报警系统应先行执行我国相关国家标准及有关的防火规范。

10 储能 EMS 控制策略

储能 EMS 应实现计划跟踪、平滑控制、系统调峰、二次调频、功率控制、SOC 自动维护、经济运行等功能，高级功能要根据用户需求来确定。

1. 计划跟踪

能量管理系统能接受调度下发的日出力计划曲线，控制储能系统充放电功率，使全站联合运行出力跟踪调度日出力计划曲线。

2. 平滑控制

能量管理系统实时监测负荷情况，使出力保持平滑，减少对电网的冲击。

3. 系统调峰

调度主站根据负荷情况安排储能电站的运行方式，储能电站在调度计划方式下实施系统调峰。在负荷高峰时段控制电池放电，将负荷控制在合理水平。负荷较低时，选取合适的时段以合适的方式充电。

4. 二次调频

二次调频功能主要在电网频率变化时按照一定要求对电网提供有功支撑。储能电站能量管理系统自动接收调度主站下发的有功功率控制目标指令，进行约束条件判断和误差修正后，对 PCS 有功出力进行闭环调节，使储能电站总有功保持或接近目标值。二次调频功能采用省级调度主站通过电力数据网通信实现，站内能量管理系统二次调频动态响应时间（指令接收至 EMS 控制命令输出）要求不大于 1s；二次调频全过程动态响应时间（调度指令下发至调频控制结果调度端反馈）要求不大于 3s。

5. 功率控制

电化学储能电站的功率控制应具备定有功功率控制、定无功功率控制、定交流电压运行控制、定功率因数控制等功能，能够按照调度机构下发的功率曲线或调度指令运行。电化学储能电站与主站通信中断时应具备按照调度机构下发的调度曲线继续执行的能力。

有功功率自动控制：储能电站应同时具备就地和远方运行模式切换与充放电功率控制功能，且具备能够自动执行电网调度机构下达曲线或指令的功能。在正常运行情况下，电化学储能电站应依据电网调度机构给定或认可的控制曲线或指令进行充放电功率控制，实际出力曲线与调度指令曲线的跟踪偏差不应超过 ±2% 额定功率。电化学储能电站正常运行时，其充放电转换时间不大于 1s。

无功电压自动控制：电化学储能电站应具备就地和远程控制功能，可远程改变控制模式、无功功率 / 电压定值以及无功功率曲线等数据。无功电压自动控制功能主要是在电网电压变化时按照一定要求对电网提供无功支撑。调度下发全站的无功指令，监控系统收到后，根据电站内 PCS 和电池的运行状况，按一定策略分解调度指令值，并下发给每个 PCS 执行。站内能量管理系统无功电压控制动态响应时间（指令接收至 EMS 控制命令输出）要求不大于 1s，无功电压控制全过程动态响应时间（调度指令下发至无功电压控制结果调度端反馈）要求不大于 3s。

6. SOC 自动维护

储能能量管理系统具备维持储能的剩余容量（SOC）保持在合理范围内，可通过投退功能连接片来控制 SOC 自动维护功能的投入 / 退出。储能 SOC 大于配置最大允许剩余容量时，停止储能充电，在有功功率控制目标允许的情况下，给储能适度放电。储能 SOC 小于配置最小允许剩余容量时，停止储能放电，在有功功率控制目标允许的情况下，给储能适度充电。SOC 值正常范围可设置，系统应包含一键标定 SOC 功能。

7. 源网荷控制

有些调度机构要求储能电站具备源网荷功能，在源网荷指令下 PCS 要求能够进行 1s 满发，之后接受 EMS 后台指令转入经济运行模式且几分钟（可设定）后自动退出源网荷功能。

8. 经济运行

储能能量管理系统能够与电力市场结合，根据电价等信息，及时调整控制策略，达到最好的经济效果。在虚拟电厂等应用场合，在满足安全约束的前提下，提高经济效益是 EMS 的首要目标。

9. 分区控制功能

对于大型储能电站来说，储能 EMS 应提供分区控制功能，即把整个储能站虚拟为多个独立运营的储能站分区。在整站集中管控运行维护的基础上，各个虚拟储能站分区功能独立，运行各自的储能策略，营收可以独立核算。

应用场景适合于参与竞价平台、调度多功能调用等。此模式需要调度同步在系统中实现分区控制的划分。例如控制区 1 实现调峰功能、控制区 2 实现调频功能、控制区 3 实现竞价平台功能、控制区 4 实现新能源消纳、控制区 5 实现备用电源功能等。根据实际需求实现一厂多用，提高储能站的使用效率、增强储能在电力市场的应用、提高储能站的盈利能力。因为受并网接线的约束，分区控制功能并不能随意划分。

分区控制架构下，整个储能站的所有设备由 EMS 集中管控，通过软件来划分虚拟的电厂 1 到 n。分区控制架构的优点是配置一个 EMS，可以减少硬件成本；所有的储能单元、储能 PCS 可以在 EMS 中实现分区控制划分，方便分区控制的变更。储能 EMS 的虚拟场站分区规划示意如图 10-1 所示。

10. 多支路控制

传统 PCS 为总控模式（一个 PCS 控制多簇电池模式），该模式弊端为多簇之间存在瓶颈簇，瓶颈簇的弱性能影响到整个 PCS 的使用性，甚至导致 PCS 故障。通过多支路控制，可以绕过瓶颈，有效利用其他正常簇的性能，减少 PCS 簇间的木桶效应，提高系统利用率。PCS 传统单支路与多支路控制模式对比如图 10-2 所示。

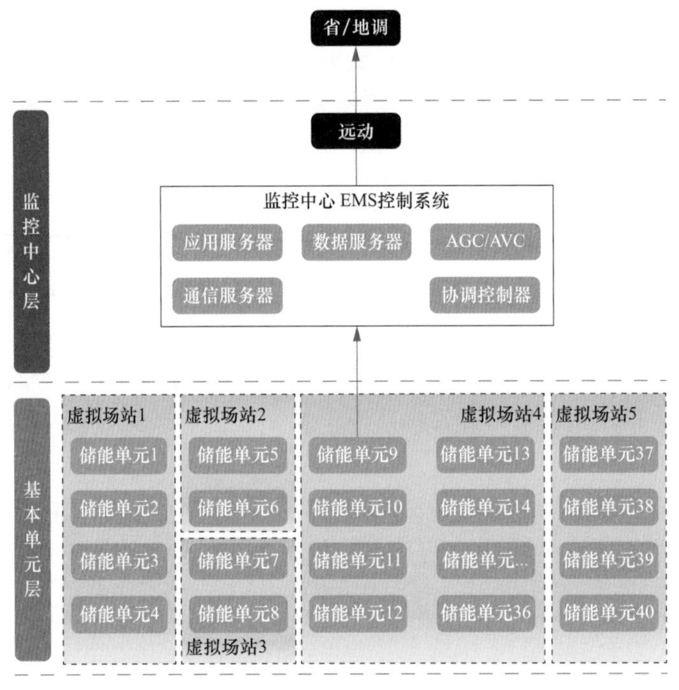

图 10-1 储能 EMS 的虚拟场站分区规划示意图

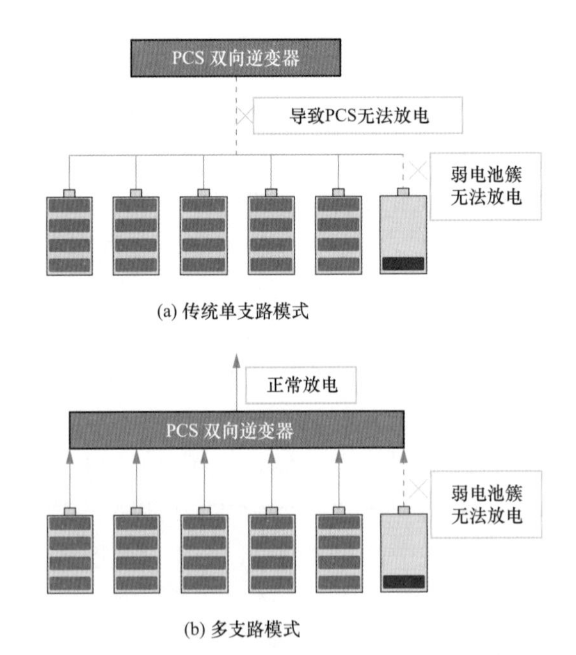

图 10-2 PCS 传统单支路与多支路控制模式对比

注：多支路控制：细化电池簇管理颗粒度，从电池堆控制细化到电池簇控制，避免电池堆内的弱簇导致整个电池堆无法使用。

11. 虚拟电厂控制

虚拟电厂是将不同空间的可调节（可中断）负荷、储能、微电网、电动汽车、分布式电源等一种或多种资源聚合起来，实现自主协调优化控制，参与电力系统运行和电力市场交易的智慧能源系统。虚拟电厂的概念更多强调的是对外呈现的功能和效果，这种方法无需对电网进行改造而能够聚合分布式能源对公网稳定输电，并提供快速相应的辅助服务，成为分布式能源加入电力市场的有效方法，降低了其在市场中孤岛运行的失衡风险，可以获得规模经济的效益。同时，分布式能源的可视化以及虚拟电厂的协调控制优化大大减小了分布式能源并网对公网造成的冲击，降低了分布式能源增长带来的调度难度，使配电管理更趋于合理有序，提高了系统运行的稳定性。

虚拟电厂有三种控制方式：集中控制方式、分散控制方式和完全分散控制方式。

（1）虚拟电厂采用集中控制方式时，所有单元的信息都需要通过控制协调中心进行处理和双向通信，采用能源管理系统协调机端潮流、可控负荷和储能系统，找到最佳解决方案，优化电网运行。集中控制方式最容易实现虚拟电厂的最优化运行，但其扩展性和兼容性受到很大局限。

（2）分散控制方式能使虚拟电厂模块化，改善集中控制方式下的通信堵塞和兼容性差的问题。

（3）完全分散控制方式使得虚拟电厂具有很好的扩展性和开放性，更适合参与电力市场。

储能 EMS 作为虚拟电厂综合监控管理系统的重要组成部分，起着至关重要的作用。它既可作为“正电厂”向系统供电调峰，又可作为“负电厂”加大负荷消纳配合系统填谷；既可快速响应指令配合保障系统稳定并获得经济补偿，也可等同于电厂参与容量、电量、辅助服务等各类电力市场获得经济收益。

12. 风储（光储）协调控制

风储（光储）EMS 接收调度下达的 AGC 和 AVC 指令，根据功率预测结果、储能状态、风力发电（光伏发电）状态、无功补偿装置状态等，对 AGC 和 AVC 命令进行分解，分别下发给不同的执行单元，在符合安全约束的条件下，达到最佳的协调控制效果（经济效益最大化）。

传统风电场–调度指令执行流程如图 10-3 所示。风储联合–调度指令执行流程如图 10-4 所示。

相比传统风场，风储系统增加总站 EMS、储能 EMS 和储能配套设备，形成分散–协调式控制模式，改由总站 EMS 接受 AGC 指令，具体调度流程如下：

调度系统首先将有功 P、无功 Q 指令分别下发至站内 AGC、AVC 系统；AGC、AVC 系统在接收调度指令后，并将有功 P_0、无功 Q_0 功率指令下发至总站 EMS；总站 EMS 经过分配算法分别将有功 P_w、P_e 和无功 Q_w、Q_e 指令下达至风场能量管理平台和储能 EMS；最终由风场能量管理平台和储能 EMS 分别调配风力发电机和储能系统出力。总站 EMS 内置“评价模块”，可对站内 AGC、AVC 及主站调度指令进行综合性能评估，以量化评估控制性能和优化调控参数。

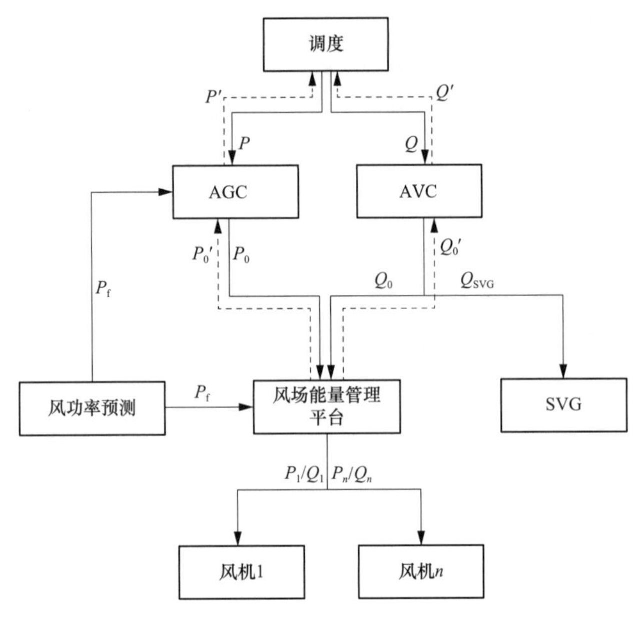

图 10-3 传统风电场–调度指令执行流程

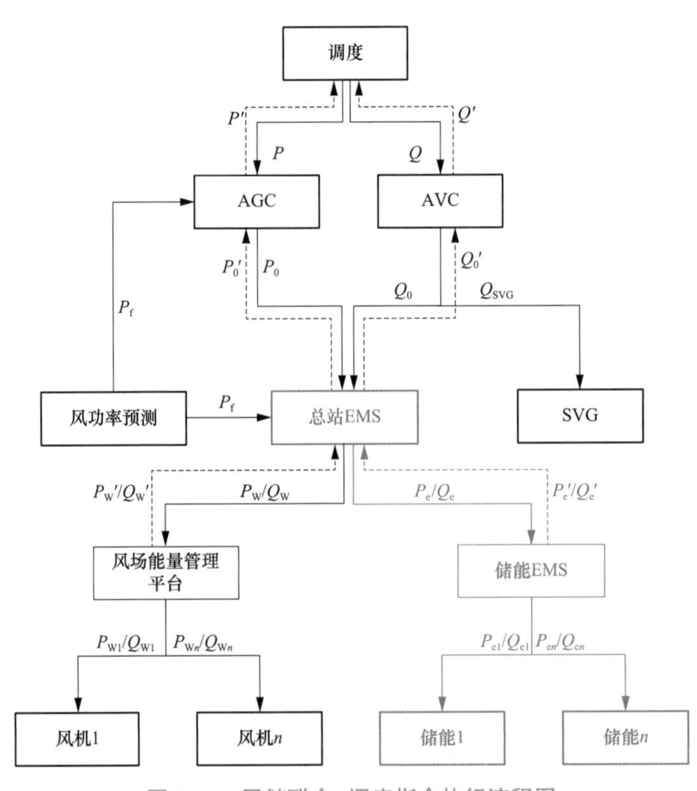

图 10-4 风储联合–调度指令执行流程图

当无功需求较高时，AVC 系统将直接调配场内 SVG 输出无功 Q_{SVG}，以满足调度要求。同时，风功率预测模块采用 4h 超短期和 72h 短期风功率预测技术，将风场理论功率

P_f 实时上送至总站 EMS 及 AGC 系统。

完善的储能 EMS，应该包含总站 EMS 的功能，也就是总站 EMS 和储能 EMS 可以合二为一。这样既减少了环节，提高了 AGC/AVC 命令的执行效率，也节省了设备投资。

13. 微电网控制

与常规电网相比，微电网的运行方式、采用的能源政策、网络中分布式单元类型和渗透率、负荷特性和并网约束等与常规电网都有不同。微电网系统能量管理（EMS）的主要目标是在确保微电网运行稳定性和经济性的基础上，对微电网内部的能量管理进行优化。一方面，要尽可能多且有效地利用可再生分布式能源、减少燃料的使用、保护环境；另一方面，要考虑合理的减少储能单元的出力负担，避免频繁充放电，提高其使用寿命。因此，微电网的能量管理系统搭建需综合考虑不同分布式电源的运行成本、实时电价和负荷类型等多方面因素。微电网能量管理问题属于多目标、带约束优化问题。其优化的目标一般包括降低经济费用、减少环境污染、负荷优化管理和最大化向配电网输送电能等；约束条件一般包含微电网运行状态约束、微电网功率平衡约束、微电网运行稳定性约束等。当前，在优化算法研究中，主要涉及非线性约束条件的制订和分布式发电设备控制变量的整定等几个方面。

近年来，伴随着智能控制技术的蓬勃发展，基于粒子群算法、遗传算法和蚁群算法的一系列智能优化算法均被扩展应用到微电网能量管理之中并取得了较好的效果。微电网能量管理系统的主要功能包括采集微电网系统本地负荷和可再生能源的预测信息、能源信息、基于实时监控系统采集的电网信息。通过信息采集与反馈实现电网、分布式电源、储能系统和本地负载间的最优功率匹配；实现各种分布式发电设备在多中工作模式间的灵活切换；保证微电网在各种模式间平滑切换；确保网络中的敏感负荷得到可靠供电，实现微电网安全、经济、稳定运行。

11

储能集装箱内监控设备

11.1 环境控制系统

环境控制系统采集储能集装箱内与安全相关的所有信息，包括空调、消防、门禁、环境、配电、视频以及关键的 BMS 信息。环境控制系统采用嵌入式设备，包含多路网络和 RS-485 接口，支持多路数字输入和多路数字输出，内置数据采集、处理、控制功能，有配套使用的配置工具，可以编辑较复杂的控制逻辑。环境控制系统可以在出现安全情况时，采用干触点直接输出的方式，进行报警、断电、关机等紧急操作。

11.2 就地监控系统

就地监控系统主要应具备以下功能：

1. 数据采集与监视

数据采集与监视完成对整个储能集装箱的综合监控。采集 PCS、BMS、空调、照明、消防、门禁、环境等运行与状态信息，以图形表格等方式在 HMI 中展示，对开关等状态量进行控制、对模拟量进行调节（AO），对安全隐患采取预警、保护、自动投切等措施，保证储能系统的安全稳定运行、PCS 数据直接采集。其他数据从环境控制系统获取或直接采集。

系统应支持 IEC 61850、IEC 60870-5-101、IEC 60870-5-104、Modbus TCP、Modbus RTU、DL/T 645 等标准规约，还应支持自定义规约。对于通过授权的用户，还可以通过系统提供的开发接口对规约库进行扩充。

2. 数据长期存储

可以配置时序数据库，对采集的信息（主要是电池数据）按照秒级周期进行压缩存储，可长达数年（视硬盘大小而定）。系统提供对外数据接口，为电池性能分析及运行维护检修等提供数据支撑。

3. 调试与检修

系统投运前，对储能集装箱内设备进行联合调试；检修期间，对设备状态进行监控。

4. 数据转发

就地监控系统应具备多路转发功能，数据可以发送到主站 EMS 以及第三方 BMS 大数据系统。

就地监控系统转发给 EMS 的数据包括 BMS 的重要数据以及就地设备辅助信息。

就地监控转发给第三方 BMS 大数据系统平台的数据，可以包括所有单体数据。

5. 就地控制

具备与 EMS 相同的控制功能，包括遥控、遥调、各种策略的本地执行。可以与边缘服务器协同，实现基于 AI 的优化及控制。

当储能集装箱与 EMS 断开通信连接时，当地监控系统可以代替 EMS，采用手工模式，对集装箱内储能系统进行控制。

11.3 边缘服务器

边缘服务器是一个集数据采集、协调控制、数据分析、人工智能、通信协议转换、数据服务等为一体的综合性的嵌入式装置。部署在储能集装箱或储能室内。主要包括以下功能：

（1）边缘服务器采集储能系统及消防环境等信息，采用大数据分析、人工智能等先进技术，对设备运行状态进行评估，实现故障实时告警、故障实时处理（含干触点驱动）、设备预防性维护提示等，提高系统运行的安全性。

（2）边缘服务器可以根据设备运行状况，不断地优化协调控制策略、实现电池的均衡、提高储能站全生命周期的整体运行性能。

（3）边缘服务器可以与电力市场或报价系统对接，根据不断变化的市场信息，调整控制策略，实现经济效益的最大化。

（4）边缘服务器可以与储能云平台对接，实现云边协同。云平台可以向边缘服务器下发 AI 算法及策略参数，边缘服务器将分析结果上传给云平台，避免了海量原始数据全部上传云端引起的通信延迟及高额通信费用。

（5）边缘服务器可以与当地监控系统协调运行，实现对储能系统的就地智能监控。

11.4 协议转换器

协议转换器应支持串口、网络、CAN（控制器局域网络）等多种硬件接口，并可根据需要进行配置。

协议转换器可以实现不同通信协议之间的相互转换。支持国际国内常用的电力行业协议，包括 IEC 60870-5-104、Modbus、IEC 61850、DNP3.0、OPC/OPC UA 等。

12 储能 EMS 通信系统

12.1 数据通信系统组成

在 SCADA/EMS 中，通信数据与监控系统的各种信息紧密相关，如用数字 1 表示开关处于闭合状态，用数字 0 表示开关处于分开状态；而对于电压、电流、频率、温度、压力、有功、无功等变量可以用一定数值范围的数字来描述。

数据通信系统是指以计算机为中心，通过数据传输信道将分布在各处的数据终端设备连接起来，以实现数据通信为目的的系统。实际的数据通信系统是多种多样的。比如，可以是两台设备之间点对点近距离数据传输，可以是储能站现场设备与采集之间的数据通信，也可以是分布在各地的数台甚至更多的计算机互相传送数据。

数据通信系统由数据信息的发送设备、接收设备、传输介质、传输报文、通信协议等组成。协议是数据通信规则的集合，发送设备和接收设备要遵循相同协议。

发送设备、接收设备和传输介质是通信系统的硬件。发送设备用于匹配信息源和传输介质，即将信息源产生的数据经过编码变换为信号形式，送往传输介质；接收设备则需要完成发送设备的反变换，即从带有干扰的信号中正确恢复出原有信号，并进行解码、解密等操作。

SCADA/EMS 中，由于越来越多的设备变得智能化和数字化，许多设备既是发送设备也是接收设备。如储能 EMS 与储能 PCS 通信时，PCS 向上送信息时，PCS 是发送设备，储能 EMS 是接收设备；而当 PCS 接收 EMS 的控制指令，PCS 是接收设备，而 EMS 是发送设备。

传输信道可以是简单的两条导线，也可以是由传输介质、数据中继、交换、存储、管理设备构成的网络。传输信道由两部分组成：一部分是传输介质，另一部分是其他数据处理设备。传输介质分为有线介质和无线介质两种。由光纤、同轴电缆、双绞线等有线介质构成有线通道，而由移动基站、微波接力或卫星中继等方式通过大气层传输则构成无线信道。有线通信具有性能稳定、受外界干扰少、维护方便、保密性强等优点，但工程量大，一次性投资高。而无线通信利用无线电磁波在空气中传输信号，无需敷设有形介质，一次性投资相对较少，通信建立较灵活，但受空气环境影响较大，保密性较差。

电力系统内部，都有专门的光纤通信网络，自成体系，传输速度快，保密性较好。

12.2 数据通信传输方式

数据传输模式有多种分类方法，如果按数据代码传输的顺序分类，有串行传输和并行传输两种。如果按数据传输的同步方式，可以分为同步传输与异步传输。

在并行模式下，每一个时钟脉冲可以传送多位数据；而在串行模式下，每一个时钟脉冲只发送一位数据。

12.2.1 并行传输

并行传输（Parallel Transmission）是将由“1”和“0”组成的二进制数，n 位组成一组，在发送时 n 位同时发送，即数据以成组的方式在两条以上的并行信道上同时传输。传输过程中，使用 n 根线路同时发送 n 位，每一位都有自己独立的线路，并且一组中的所有 n 位都能够在同一个时钟脉冲从一个设备传送到另一个设备上。例如，采用 8 条导线并行传输一个字节的 8 个数据位，接收方可对并行通道上各条导线的数据位信号并行取样。最常见的并行传输的例子是计算机和外围设备之间的通信，CPU、存储器和设备控制器之间的通信。虽然并行传输具有速度快的优点，但其通信成本较高。

12.2.2 串行传输

串行传输（Serial Transmission）是使数据流以串行方式在一条信道一位接一位地传输。串行传输仅需要一根通信线路就可以在两个通信设备之间进行数据传输，方法简单，易于实现，而且成本较低。通常情况下，采用串行传输的线路，在设备内部都采用并行通信方式，这就需要在发送方和通信线路之间以及通信线路和接收方之间的接口进行转换。串行传输的缺点是需外加同步措施，同时每次只能传输一位数据，因此速度较慢。

在串行传输时，接收端为从串行数据码流中正确地划分出发送的一个个字符所采取的措施称为字符同步。根据实现字符同步方式的不同，串行数据传输分为异步传输和同步传输。

虽然串行通信传输速度慢，但它抗干扰能力强，传输距离远，因此许多监控设备一般都配置串行通信接口，在 SCADA/EMS 中也广泛使用串行通信方式进行监控与数据采集，尤其在数据量较小的场合下。环境消防等辅助监控设备大多采用 RS-485 串行通信。

12.2.3 同步传输与异步传输

同步传输是以一定时钟节拍来发送数据信号的。这个时钟可以是由参与通信的那些设备或器件中的一台产生的，也可以是由外部时钟信号源提供的。时钟可以有固定的频率，也可以间隔一个不规则的周期进行转换。所有传输的数据位都和这个时钟信号同步。在同步传输时，它不是独立地发送每个字符，而是连续地发送位流，并且不需要每个字符都有自己的开始位和停止位，而是把它们组合起来一起发送，这些组合称为数据帧。

异步传输中，每个节点有自己的时钟信号，每个通信节点必须在时钟频率上保持一致，并且所有的时钟必须在一定误差范围内相吻合。异步传输中，并不要求在传送信号的每一数据位时收发两端都同步。例如在单个字符的异步方式中，在传输字符前设置一个启动用的起始位，预告字符信息代码即将开始；在信息代码和校验信号结束后，也设置一个或多个停止位，表示该字符已结束。在起始位和停止位之间，形成一个需要传送的字符。起始位对该字符内的各数据位起同步作用。

同步传输通常要比异步传输快，传输效率较高。异步传输实现起来比较容易，对线路和收发器要求较低，实现字符同步也比较简单，收发双方的时钟信号不需要精确地同步。缺点是多传输了用于同步目的的字符，降低了传输效率。

12.3 串行通信

在 SCADA 系统中，串行通信广泛存在于许多现场控制设备与 SCADA 上位机之间。串行通信中，交换数据的双方利用传输在线路上的电压变化来达到数据交换的目的，但是如何从不断改变的电压状态中解析出其中的信息，需要双方共同约定，即需要说明通信双方是如何发送数据和命令的。因此，双方为了进行通信，必须要遵守一定的通信规则，这个通信规则就体现在对通信端口的初始化的参数上。利用通信端口的初始化实现对以下 4 项的设置。

（1）数据的传输速度。RS-232 常用于异步通信，通信双方没有可供参考的同步时钟作为基准，此时双方发送的高低电平到底代表几个位就不得而知了。要使双方的数据读取正常，就要考虑到传输速率——波特率（Baud Rate），其代表的意义是每秒所能产生的最大电压状态改变率。由于原始信号经过不同的波特率取样后，所得的结果完全不一样，因此通信双方必须采用相同的通信速度。

（2）数据的发送单位。一般串行通信端口所发送的数据是字符型的，这时一般采用 ASCII 码。ASCII 码中 8 个位形成一个字符。若用来传输文件，则会使用二进制的数据类型。

（3）起始位及停止位。由于异步串行传输中没有使用同步时钟脉冲作为基准，故接收端完全不知道发送端何时将进行数据的发送。为了解决这个问题，就在发送端要开始发送数据时，将传输在线路的电压由低电位提升至高电位（逻辑 0），而当发送结束后，再将高电位降至低电位（逻辑 1）。接收端会因起始位的触发而开始接收数据，并因停止位的通知而确知数据的字符信号已经结束。起始位固定为 1 个位，而停止位则有 1、1.5 个及 2 个位等多种选择。

（4）校验位的检查。校验位是为了预防错误的产生而设置的检查机制。校验位是用来检查所发送数据正确性的一种校验码，分为奇校验（Odd Parity）和偶校验（Even Pariy），分别检查字符码中“1”的数目是奇数个还是偶数个。用户可根据实际需要选择奇校验、偶校验或无校验。

12.3.1 RS-232C 接口

RS-232C 是为点对点（即只用一对收发设备）通信而设计的，适合本地设备之间低速率的通信。RS-232C 采用不平衡传输方式，即所谓单端通信。典型的 RS-232C 信号在正负电平之间摆动，在发送数据时，发送端驱动器输出正电平在 +5 ~ +15V，负电平在 –15~ –5V。当无数据传输时，线上为 TTL，从开始传送数据到结束，线上电平从 TTL 电平到 RS-232C 电平再返回 TTL 电平。接收器典型的工作电平在 +3 ~ +12V 与 –12 ~ –3V。由于发送电平与接收电平的差仅为 2~3V，所以其共模抑制能力差，再加上双绞线上的分布电容，其传送距离最大约为 15m，最高速率为 20kbit/s。

12.3.2 RS-422 与 RS-485 串行接口

1. RS-422 串行接口

为了弥补 RS-232 之不足，提出了 RS-422 接口标准。为了改进 RS-232 通信距离短、速率低的缺点，RS-422 定义了一种平衡通信接口，使传输速率最高到 10Mbit/s，传输距离延长到 1219m（当速率低于 100kbit/s 时），并允许在一条平衡总线上连接最多 10 个接收器。RS-422 是一种单向、平衡传输规范，单机发送、多机接收，被命名为 TIA/EIA-422-A 标准，它定义了接口电路的特性，全称是“平衡电压数字接口电路的电气特性”。典型的 RS-422 有四线接口，连同一根信号地线，共 5 根线。由于接收器所采用的高输入阻抗和发送驱动器要比 RS-232 的驱动能力更强，故允许在相同传输线上连接多个接收节点，最多可接 10 个节点。即一个主设备（Master），其余为从设备（Salver），从设备之间不能通信，因此 RS-422 支持点对多的双向通信。其平衡双绞线的长度与传输速率成反比，只有在很短的距离下才能获得最高速率传输，一般 100m 长的双绞线上所能获得的最大传输速率仅为 1Mbit/s。在低速率传输（100kbit/s 速率以下）时，才可能达到最大传输距离。

2. RS-485 串行接口

为了扩大 RS-422 串行通信应用的范围，EILA 又于 1983 年在 RS-422 基础上制定了 RS-485 标准，后命名为 TIA/EIA-485-A 标准。它增加了多点、双向通信能力，允许多个发送器连接到同一条总线上，同时增加了发送器的驱动能力和冲突保护特性，扩展了总线共模范围。由于 RS-485 是从 RS-422 基础上发展而来的，所以 RS-485 许多电气规定与 RS-422 相仿，如都采用平衡传输方式、都需要在传输线上接终端电阻等。RS-485 可以采用二线与四线方式，二线制可实现真正的多点双向通信。而采用四线连接时，与 RS-422 一样只能实现点对多的通信，即只能有一个主（Master）设备，其余为从设备，但它比 RS-422 有所改进，无论四线还是二线连接方式，总线上可连接的设备最多不超过 32 个。同 RS-422 一样，RS-485 最大传输距离也为 1219m，最大传输速率也为 10Mbit/s。平衡双绞线的长度与传输速率成反比，在 100kbit/s 速率以下，才可能使用规定最长的电缆长度。RS-485 总线电缆在一般场合采用普通的双绞线就可以，在要求比较高的环境下可以采用带屏蔽层的同轴电缆。主从协议是 RS-485 网络中最常用的通信协议。网段中的一个节点

被指定为主节点，其余节点为从节点，由主节点负责控制该网段上的所有通信连接。为保证每个节点都有机会传送数据，通常采用轮询方式，主节点依次向从节点发送报文，并等待相应从节点的应答报文。

12.4 现场总线

根据国际电工委员会（International Electrictechnical Commission，IEC）定义，现场总线是连接现场智能设备和自动化系统的数字式、双向传输、多分支的通信网络。在过程控制领域内，它就是连接控制室和现场测量仪表、变送器和执行机构的数字通信总线，实现了现场设备与控制系统间的双向信息交换。应用现场总线，一是可大大减少现场电缆以及相应接线箱、端子板、I/O 卡件的数量；二是促进了现场智能仪表的发展；三是方便了自动化系统的安装调试，以及对现场运行工况的监控管理。

12.4.1 现场总线特点

对照 ISO 的 OSI 模型，现场总线一般包括物理层、数据链路层、应用层、用户层。物理层规定了具体的传输介质（如双绞线、光纤、无线通信等）、传输速率、传输距离、传输信号类型等。当发送信息时，数据流从链路层传到物理层，物理层对数据流进行编码并调制。在接收信息时，物理层将来自介质的数据信息实现解调和解码，并送到链路层。数据链路层负责执行差错检测、仲裁、调度等总线规则。应用层为终用户提供一个简单接口，它定义了如何读、写、解释和执行一条信息或命令。用户层指最终的应用程序。现场总线除具有一对 N 结构、互操作性、控制功能分散、维护方便等优点外，还具有如下特点：

（1）网络结构简单。其网络模型仅有 4 层，这种简化的体系结构具有设计灵活、通信速度快的特点。

（2）易于扩展集成。把现场智能设备分别作为一个网络节点，通过现场总线来实现各节点之间、节点与管理层之间的信息传递与沟通，易于实现各种复杂的综合自动化功能。

（3）容错能力较强。现场总线使用检错、自校验、监督定时、屏蔽逻辑等故障检测方法，大大提高了系统的容错能力。

（4）抗干扰能力。现场智能设备可以就近处理信号并采用数字通信方式与主控系统交换信息，不仅具有较强的抗干扰能力，而且其精度和可靠性也得到了很大的提高。

现场总线有几十种标准，目前国内电力系统最常实用的是 CAN 总线标准，储能电站中，PCS 与 BMS 之间的通信经常采用 CAN 通信。

12.4.2 CAN 特点

CAN（controller area network）是德国 Bosch 公司在 1986 年为解决汽车中众多测量控制部件之间的数据通信问题而开发的一种串行数据通信总线。今天，CAN 已在工业领域数据通信得到广泛应用。CAN 作为数字式串行通信技术，与其他同类技术相比，在可靠性、实时性和灵活性方面具有独特的技术优势。其主要特点如下：

（1）对等通信。节点无主从之分，CAN 网络上的任一节点均可在任意时刻主动向网络上其他节点发起通信。利用这一特点可方便地构成多机备份系统。

（2）通信分级。为了满足不同级别的实时要求，CAN 网络上的节点信息可分成不同的优先级，高优先级的数据可在 134μs 内得到传输。当多个节点同时向总线发送信息时，优先级较低的节点会主动地退出发送，而最高优先级的节点可不受影响地继续传输数据，从而大大节省了总线冲突的仲裁时间。即使是在网络负载很重的情况下也不会出现网络瘫痪情况（以太网则可能）。

（3）通信方式。无需专门的“调度”机制，CAN 通过对报文进行滤波，就可以实现点对点、一点对多点及全局广播等几种数据传输方式。当速率在 5kbit/s 以下，CAN 的直接通信距离最远可达 10km。当通信速率达 1Mbit/s 时，通信距离最长为 40m。

（4）抗干扰。采用短帧结构，传输时间短，受干扰概率低，具有极好的检错效果。

（5）错误检测。CAN 节点中均设有错误检测、标定和自检等强有力措施。包括位错误检测、循环冗余校验、位填充、报文格式检查和应答错误检测等。降低了数据的出错率。

（6）介质多样。CAN 的通信介质可为双绞线、同轴电缆或光纤，选择灵活。

（7）功耗低。CAN 器件可被置于睡眠状态，这样可降低系统功耗。其睡眠状态可借助任何总线激活或者由系统的内部条件唤醒。

（8）自动隔离。CAN 节点在错误严重的情况下具有自动关闭输出的功能，以使总线上其他节点的操作不受影响。

12.5 以太网通信

12.5.1 IEEE 802.3 网络协议与以太网

以太网最早由 Xerox 公司创建，在 1980 年，由 DEC、Intel 和 Xerox 三家公司联合开发成为一个标准。以太网是应用最为广泛的局域网，包括标准的以太网（10Mbit/s）、快速以太网（100Mbit/s）和 10G（10Gbit/s）以太网，采用的是 CSMA/CD 访问控制法，它们都符合 IEEE 802.3 网络协议。

IEEE 802.3 网络协议规定了包括物理层的连线、电信号和介质访问层协议的内容。以太网是当前应用最广泛的局域网技术，它很大程度上取代了其他局域网标准。如令牌环、FDDI 和 ARCNET 等。历经 100M 以太网在 20 世纪末的飞速发展后，目前千兆以太网甚至 10G 以太网正在国际组织和领导企业的推动下不断拓展应用范围。

常见的 IEEE 802.3 网络协议应用如下。

（1）10M：10base-T（铜线 UTP 模式）。

（2）100M：100base-TX（铜线 UTP 模式）。

（3）100base-FX（光纤线）。

（4）1000M：1000base-T（铜线 UTP 模式）。

12.5.2 以太网的帧格式

由于 IEEE 802.2 网络协议和 IEEE 802.3 网络协议规定的帧格式与以太网有所不同，以太网数据报的封装是在 RFC894 中定义的。而 IEEE 802.2/IEEE 802.3 网络协议的封装格式是在 RFC1042 中定义的。这里的 RFC（request for comment）是指有关 Internet 的申请评议文件。

以太网的 MAC 帧由 7 个域组成：前导码、帧前定界码、目的地址、源地址、类型、数据域以及循环冗余校验（CRC）。

以太网帧结构如图 12-1 所示。

前导码 7 字节	帧前界定码 1 字节	目的地址 6 字节	源地址 6 字节	类型 2 字节	数据域 46 ~ 150 字节	CRC 4 字节

图 12-1 以太网帧结构

图 12-1 中帧结构字段的含义如表 12-1 所示。

表 12-1 帧结构字段的含义

字段	含义
前导码	用来使接收端的适配器在接收 MAC 帧时能够迅速调整时钟频率，使它和发送端的频率相同。前同步码为 7 个字节，1 和 0 交替
帧前界定码	帧的起始符，为 1 个字节。前 6 位 1 和 0 交替，最后的两个连续的 1 表示告诉接收端适配器："帧信息要来了，准备接收"
目的地址	接收帧的网络适配器的物理地址（MAC 地址），为 6 个字节（48 比特）。作用是当网卡接收到一个数据帧时，首先会检查该帧的目的地址，是否与当前适配器的物理地址相同，如果相同，就会进一步处理；如果不同，则直接丢弃
源地址	发送帧的网络适配器的物理地址（MAC 地址），为 6 个字节（48 比特）
类型	上层协议的类型。由于上层协议众多，所以在处理数据的时候必须设置该字段，标识数据交付哪个协议处理。例如，字段为 0x0800 时，表示将数据交付给 IP 协议
数据域	也称为效载荷，表示交付给上层的数据。以太网帧数据长度最小为 46 字节，最大为 1500 字节。如果不足 46 字节时，会填充到最小长度。最大值也叫最大传输单元（MTU）。在 Linux 中，使用 ifconfig 命令可以查看该值，通常为 1500
CRC	检测该帧是否出现差错，占 4 个字节（32 比特）。发送方计算帧的循环冗余码校验（CRC）值，把这个值写到帧里。接收方计算机重新计算 CRC，与 FCS 字段的值进行比较。如果两个值不相同，则表示传输过程中发生了数据丢失或改变。这时，就需要重新传输这一帧

12.5.3 以太网的工作原理

以太网采用带冲突检测的载波侦听多路访问（CSMA/CD）机制。以太网中节点都可以看到在网络中发送的所有信息，因此，以太网是一种广播网络。

当以太网中的一台主机要传输数据时，它将按如下步骤进行：

（1）监听信道上是否有信号在传输。如果有，表明信道处于忙状态，就继续监听，直到信道空闲为止。

（2）若没有监听到任何信号，就传输数据。

（3）传输的时候继续监听，如发现冲突则执行退避算法，随机等待一段时间后，重新执行步骤（1）。

（4）若未发现冲突则发送成功，所有计算机在试图再一次发送数据之前，必须在最近一次发送后等待 9.6μs（以 10Mbit/s 运行）。

12.5.4　以太网的主要特点

以太网的技术成熟、成本较低、互操作性强、易于使用和管理、可扩充性强。快速以太网技术可以有效地保障用户在布线基础设施上的投资，它支持 3、4、5 类双绞线以及光纤的连接，能有效地利用现有的设施。快速以太网的不足其实也是以太网技术的不足，那就是快速以太网仍是基于 CSMA/CD 技术，当网络负载较重时，会造成效率的降低，当然这可以使用交换技术来弥补。

千兆以太网技术作为最新的高速以太网技术，给用户带来了提高核心网络的有效解决方案，这种解决方案的最大优点是继承了传统以太技术价格便宜的优点。升级到千兆以太网不必改变网络应用程序、网管部件和网络操作系统，能够最大程度地保护投资。此外，IEEE 标准将支持最大距离为 550m 的多模光纤、最大距离为 70km 的单模光纤和最大距离为 100m 的同轴电缆。千兆以太网填补了 IEEE 802.3 网络协议以太网 / 快速以太网标准的不足。

12.6　OSI 参考模型与 TCP/IP 协议组

12.6.1　OSI 参考模型

OSI（Open System Interconnection）参考模型，是国际标准化组织（ISO）制定的一个用于计算机或通信系统间互联的标准体系。它是一个七层的、抽象的模型体，不仅包括一系列抽象的术语或概念，也包括具体的协议。OSI 参考模型如图 12-2 所示。

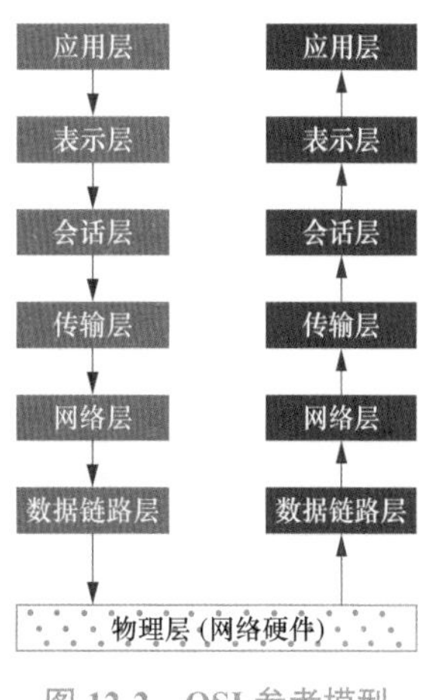

图 12-2　OSI 参考模型

1. OSI 模型优点

建立七层模型的主要目的是为解决异种网络互联时所遇到的兼容性问题。它的最大优点是将服务、接口和协议这三个概念明确地区分开来：服务说明某一层为上一层提供一些什么功能，接口说明上一层如何使用下层的服务，而协议涉及如何实现本层的服务；这样各层之间具有很强的独立性，互联网络中

各实体采用什么样的协议是没有限制的，只要向上提供相同的服务并且不改变相邻层的接口就可以了。网络七层的划分也是为了使网络的不同功能模块（不同层次）分担起不同的职责，从而带来如下好处。

（1）减轻问题的复杂程度，一旦网络发生故障，可迅速定位故障所处层次，便于查找和纠错。

（2）在各层分别定义标准接口，使具备相同对等层的不同网络设备能实现互操作，各层之间相对独立，一种高层协议可放在多种低层协议上运行。

（3）能有效刺激网络技术革新，因为每次更新都可以在小范围内进行，不需对整个网络架构做大的改动。

（4）便于研究和教学。

2. 各层功能介绍

（1）应用层（Application Layer）。

1）应用层是最靠近用户的 OSI 层。这一层为用户的应用程序（例如电子邮件、文件传输和终端仿真）提供网络服务。涉及的应用协议有 HTTP（超文本传输协议）、FTP（文本传输协议）、TFTP（简单文本传输协议）、SMTP（简单邮件传输协议）、SNMP（简单网络管理协议）、DNS（域名服务协议）、TELNET（远程登录协议）、HTTPS（加密超文本传输协议）、POP3（邮局协议）、DHCP（动态主机配置协议）等。

2）应用层也称为应用实体（AE），它由若干个特定应用服务元素（SASE）和一个或多个公用应用服务元素（CASE）组成。每个 SASE 提供特定的应用服务，例如文件运输访问和管理（FTAM）、电子文电处理（MHS）、虚拟终端协议（VAP）等。CASE 提供一组公用的应用服务，例如联系控制服务元素（ACSE）、可靠运输服务元素（RTSE）和远程操作服务元素（ROSE）等。主要负责对软件提供接口以使程序能使用网络服务。术语“应用层”并不是指运行在网络上的某个特别应用程序，应用层提供的服务包括文件传输、文件管理以及电子邮件的信息处理。

（2）表示层（Presentation Layer）。

1）负责数据的表示、安全、压缩。可确保一个系统的应用层所发送的信息可以被另一个系统的应用层读取。

格式有 JPEG、ASCII、DECOIC、加密格式等。

2）应用程序和网络之间的翻译官，在表示层，数据将按照网络能理解的方案进行格式化；这种格式化也因所使用网络的类型不同而不同。

3）表示层管理数据的解密与加密，如系统口令的处理。例如：在 Internet 上查询你银行账户，使用的即是一种安全连接。你的账户数据在发送前被加密，在网络的另一端，表示层将对接收到的数据解密。除此之外，表示层协议还对图片和文件格式信息进行解码和编码。

（3）会话层（Session Layer）。

1）建立、管理、终止会话，对应主机进程，指本地主机与远程主机正在进行的会话。

通过传输层（端口号：传输端口与接收端口）建立数据传输的通路。主要在你的系统之间发起会话或者接受会话请求（设备之间需要互相认识，可以是 IP 也可以是 MAC 或者是主机名）。

2）负责在网络中的两节点之间建立、维持和终止通信。会话层的功能包括建立通信链接，保持会话过程通信链接的畅通，同步两个节点之间的对话，决定通信是否被中断以及通信中断时决定从何处重新发送。

3）有人常常把会话层称作网络通信的“交通警察”。当通过拨号向你的 ISP（因特网服务提供商）请求连接到因特网时，ISP 服务器上的会话层向你与你的 PC 客户机上的会话层进行协商连接。若你的电话线偶然从墙上插孔脱落时，你终端机上的会话层将检测到连接中断并重新发起连接。会话层通过决定节点通信的优先级和通信时间的长短来设置通信期限。

（4）传输层（Transport Layer）。

1）定义传输数据的协议端口号，以及流控和差错校验。协议有 TCP UDP 等，数据包一旦离开网卡即进入网络传输层。

2）定义了一些传输数据的协议和端口号（WWW 端口 80 等），如：TCP（传输控制协议，传输效率低，可靠性强，用于传输可靠性要求高、数据量大的数据），UDP（用户数据报协议，与 TCP 特性恰恰相反，用于传输可靠性要求不高、数据量小的数据，如 QQ 聊天数据就是通过这种方式传输的）。主要是将从下层接收的数据进行分段和传输，到达目的地址后再进行重组。常常把这一层数据叫作段。

3）OSI 模型中最重要的一层。传输协议同时进行流量控制或是基于接收方可接收数据的快慢程度规定适当的发送速率。除此之外，传输层按照网络能处理的最大尺寸将较长的数据包进行强制分割。例如，以太网无法接收大于 1500 字节的数据包。发送方节点的传输层将数据分割成较小的数据片，同时对每一数据片安排一序列号，以便数据到达接收方节点的传输层时，能以正确的顺序重组。该过程即被称为排序。工作在传输层的一种服务是 TCP /IP 协议套中的 TCP（传输控制协议），另一项传输层服务是 IPX/ SPX 协议集的 SPX（序列包交换）。

（5）网络层（Network Layer）。

1）进行逻辑地址寻址，实现不同网络之间的路径选择。协议有 ICMP（控制报文协议）、IGMP（Internet 组管理协议）、IP（IPV4、IPV6）（网际网协议）、ARP（地址解析协议）、RARP（反向地址转换协议）等。

2）在位于不同地理位置的网络中的两个主机系统之间提供连接和路径选择。Internet 的发展使得从世界各站点访问信息的用户数大大增加，而网络层正是管理这种连接的层。

3）OSI 模型的第三层，其主要功能是将网络地址翻译成对应的物理地址，并决定如何将数据从发送方路由到接收方。

4）网络层通过综合考虑发送优先权、网络拥塞程度、服务质量以及可选路由的花费来决定从一个网络中节点 A 到另一个网络中节点 B 的最佳路径。由于网络层处理，并智

能指导数据传送，路由器连接网络各段，所以路由器属于网络层。在网络中，“路由”是基于编址方案、使用模式以及可达性来指引数据的发送。

5）网络层负责在源机器和目标机器之间建立它们所使用的路由。这一层本身没有任何错误检测和修正机制，因此，网络层必须依赖于端端之间的由 DLL 提供的可靠传输服务。

6）网络层用于本地 LAN 网段之上的计算机系统建立通信，它之所以可以这样做，是因为它有自己的路由地址结构，这种结构与第二层机器地址是分开的、独立的。这种协议称为路由或可路由协议。路由协议包括 IP、Nove11 公司的 IPX 以及 AppleTalk 协议。

7）网络层是可选的，它只用于当两个计算机系统处于不同的由路由器分割开的网段这种情况，或者当通信应用要求某种网络层或传输层提供的服务、特性或者能力时。例如，当两台主机处于同一个 LAN 网段的直接相连这种情况，它们之间的通信只使用 L A N 的通信机制就可以了（即 OSI 参考模型的一二层）。

（6）数据链路层（Datalink Layer）。

1）在物理层提供比特流服务的基础上，建立相邻结点之间的数据链路，通过差错控制提供数据帧（Frame）在信道上无差错地传输，并进行各电路上的动作系列。

2）数据链路层在不可靠的物理介质上提供可靠的传输。该层的作用包括物理地址寻址，数据、流量控制，数据的检错、重发等。

3）在这一层，数据的单位称为帧（frame）。

4）数据链路层协议的代表包括 SDLC（同步数据链路控制）、HDLC（高级同步数据链路控制）、PPP（点对点）、STP（生成树）、帧中继等。

5）链路层是为网络层提供数据传送服务的，这种服务要依靠本层具备的功能来实现。链路层应具备如下功能：

a. 链路连接的建立，拆除，分离。

b. 帧定界和帧同步。链路层的数据传输单元是帧，协议不同，帧的长短和界面也有差别，但无论如何必须对帧进行定界。

c. 顺序控制，指对帧的收发顺序的控制。

d. 差错检测和恢复。还有链路标识、流量控制等，差错检测多用方阵码校验和循环码校验来检测信道上数据的误码，而帧丢失等用序号检测，各种错误的恢复则常靠反馈重发技术来完成。

（7）物理层（Physical Layer）。

1）物理层是 OSI 模型的最低层，其任务是实现物理上互联系统间的信息传输。

a. 物理层必须具备以下功能。

a）物理连接的建立、维持与释放；

b）物理层服务数据单元传输；

c）物理层管理。

b. 媒体和互联设备。

2）物理层的媒体包括架空明线、平衡电缆、光纤、无线信道等。

3）通信用的互联设备如各种插头、插座等；局域网中的各种粗、细同轴电缆，T 形接 / 插头，接收器，发送器，中继器等都属物理层的媒体和连接器。

12.6.2 TCP/IP 协议组

1. TCP/IP 协议与 OSI 参考模型

TCP/IP 协议与 OSI 参考模型的对应关系如图 12-3 所示。

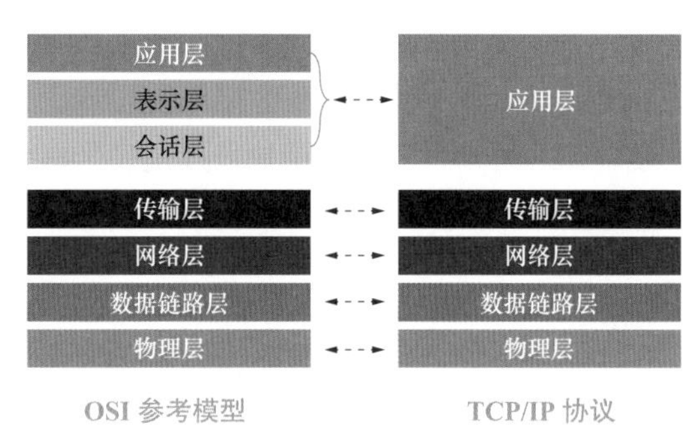

图 12-3 TCP/IP 协议与 OSI 参考模型的对应关系

2. TCP/IP 协议组的构成

TCP/IP 组指包括 IP、TCP 在内的一组协议。图 12-4 表示了 TCP/IP 协议族中不同层次的协议。

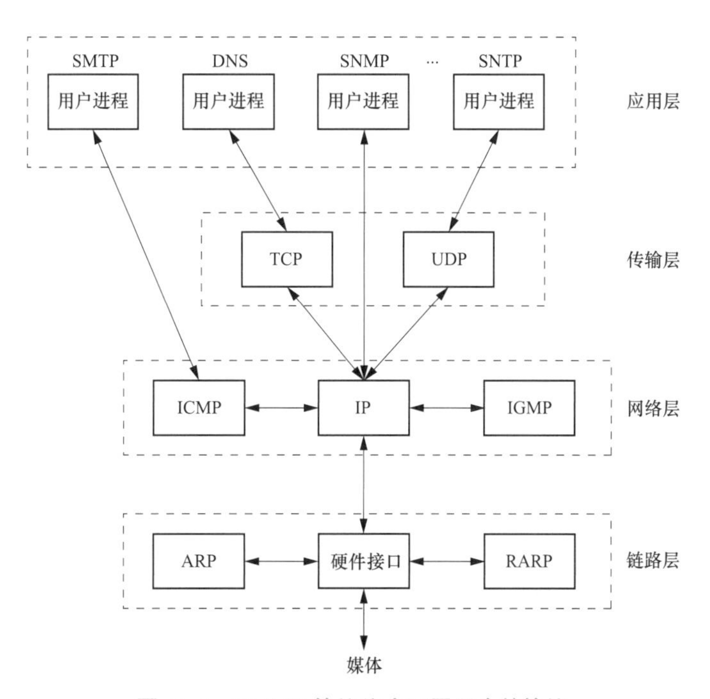

图 12-4 TCP/IP 协议族中不同层次的协议

（1）物理层：其是计算机网络模型中最低的一层。物理层规定：为传输数据所需要的物理链路创建、维持、拆除，而提供具有机械的、电子的、功能的和规范的特性。该层为上层协议提供了一个传输数据的物理媒体。只是说明标准在这一层，数据的单位称为比特（bit）。属于物理层定义的典型规范代表包括 EIA/TIA RS-232 接口、EIA/TIA RS-449 接口、V. 35 接口、RJ-45 接口、fddi 令牌环网接口等。

（2）数据链路层。负责物理层面上的互联的、节点间的通信传输（例如一个以太网项链的 2 个节点之间的通信）；该层的作用包括物理地址寻址、数据的成帧、流量控制以及数据的检错、重发等。在这一层，数据的单位称为帧（frame）。数据链路层协议的代表包括 ARP、RARP、SDLC、HDLC、PPP、STP、帧中继等。

（3）网络层。将数据传输到目标地址；目标地址可以是多个网络通过路由器连接而成的某一个地址，主要负责寻找地址和路由选择，网络层还可以实现拥塞控制、网际互联等功能。在这一层，数据的单位称为数据包（packet）。网络层协议的代表包括 IP（网间协议）、IPX（互联网分组交换协议）、RIP（路由信息协议）、OSPF（开放式最短路径优先协议）等。

（4）传输层。只在通信双方的节点上（比如计算机终端）进行处理，而无需在路由器上处理，传输层是 OSI 中最重要、最关键的一层，是唯一负责总体的数据传输和数据控制的一层；传输层提供端到端的交换数据的机制，检查分组编号与次序，传输层对其上三层如会话层等，提供可靠的传输服务，对网络层提供可靠的目的地站点信息。在这一层，数据的单位称为数据段（segment）。

1）主要功能。

a. 为端到端连接提供传输服务；

b. 这种传输服务分为可靠和不可靠的，其中 TCP 是典型的可靠传输，而 UDP 则是不可靠传输；

c. 为端到端连接提供流量控制、差错控制、服务质量（Quality of Service，QoS）等管理服务。

2）包括的协议。

a. TCP：传输控制协议，传输效率低，可靠性强。

b. UDP：用户数据报协议，适用于传输可靠性要求不高、数据量小的数据（比如 QQ）。

c. DCCP（数据报拥塞控制协议）、SCTP（流控制传输协议）、RTP（实时传输协议）、RSVP（资源预留协议）、PPTP（点对点隧道协议）等协议。

（5）应用层。为应用程序提供服务并规定应用程序中通信相关的细节，包括的协议如下。

1）超文本传输协议（HTTP）：这是一种最基本的客户机 / 服务器的访问协议；浏览器向服务器发送请求，而服务器回应相应的网页。

2）文件传送协议（FTP）：提供交互式的访问，基于客户服务器模式，面向连接使用 TCP 可靠的运输服务主要功能：减少 / 消除不同操作系统下文件的不兼容性。

3）远程登录协议（TELNET）：客户服务器模式，能适应许多计算机和操作系统的差异、网络虚拟终端（NVT）的意义。

4）简单邮件传送协议（SMTP）：Client/Server 模式，面向连接。

5）基本功能：写信、传送、报告传送情况、显示信件、接收方处理信件。

6）DNS 域名解析协议：DNS 是一种用以将域名转换为 IP 地址的 Internet 服务。

7）简单文件传送协议（TFTP）：客户服务器模式，使用 UDP 数据报，只支持文件传输，不支持交互，TFTP 代码占内存小。

8）简单网络管理协议（SNMP）：SNMP 模型的 4 个组件为被管理结点、管理站、管理信息、管理协议。

9）SNMP 代理：运行 SNMP 管理进程的被管理结点。

10）对象：描述设备的变量。

11）管理信息库（MIB）：保存所有对象的数据结构。

12）动态主机配置协议（DHCP）：发现协议中的引导文件名、空终止符、属名或者空，DHCP 供应协议中的受限目录路径名，参考定义选择列表中的选择文件。

3. IP 协议

IP 协议以块的形式传输数据（称为 IP 数据报）。IP 协议是网络层的主要协议，它提供无连接的数据报传送和数据报的路由选择功能。由于每个 IP 包将可能通过不同的路径独立传输，不能确定 IP 包到达的顺序，也不能确定是否重复，这种无连接的服务不提供确认响应信息。为了提供可靠传输功能，它通常都与 TCP 协议一起使用。

（1）IP 数据报格式。IP 数据报包含报文头和数据两个部分。报文头可以从 20~60 字节，包括哪些对路由和传输来说相当重要的信息。IP 数据报的格式如图 12-5 所示。

报文头 （长度 20~60 字节）	数据（可变长度）

版本 4 位	报文长度 4 位	服务类型（优先级）8 位	总长度 16 位	
标识 16 位			标志 3 位	段偏移 13 位
生存周期 8 位	协议 8 位		报文头校验和 16 位	
源地址（32 位）				
目的地址（32 位）				
选项				

图 12-5 IP 数据报的格式

IP 报文头有许多个域组成：

1）版本域：标识了报文的 IP 版本号。这个 4 位字段的值通常为二进制 0100；通常的 IP 版本号是 4（IPV4）。新版的 IP 协议版本号是 6（IPV6），但还没有普遍使用。

2）报文长度域：定义了报文头的长度，这 4 位可以表示 0~15 的数字。它以 4 字节为一个单位。将报文长度域的数乘以 4，就得到报文头的长度值。报文头长度最大为 60 字节。

3）服务类型域：字段长度为 8 位，它用来指定特殊的报文处理方式。服务类型字段实际上被划分为两个字段：优先权和 TOS。优先权用来设置报文的优先级，TOS 允许按照吞吐量、时延、可靠性和费用方式选择传输服务。

4）总长度域：定义了 IP 数据报的总长度。两字节能定义的最大长度为 65536 字节。

5）标识域：用于识别分段。一个数据报在通过不同网络的时候，为了适应网络帧的大小，可能需要进行分段处理。这时，将在标识域中使用一个序列号来区分每个段。

6）标志域：标志域在处理分段中用于表示数据是否可以被分段，是属于第一个段、中间段还是最后一个段等。

7）段偏移域：字段长度为 13 位，段偏移是一个指针，用于指明分片起始点相对于报头起始点的偏移量。

8）生存周期域（time to live）：数据报可以经过的路由器的数目。数据报的生存时间由原主机设置为 32 或 64，经过一个路由器减 1，该字段为 0 时数据报被丢弃并通知原主机。这个方法可以防止报文在互联网上无休止地被传送。

9）协议域：用于识别是哪个协议向 IP 传送的数据，例如是 TCP、UDP 还是 ICMP。当前已分配了 100 多个不同的协议号。

10）报文头校验和域：是针对 IP 报头的纠错字段。对首部中每个 16 位进行二进制反码求和，将结果存于该字段。

（2）IP 地址。

1）IP 地址由网络号和主机号组成，是用于在互联网上表示源地址和目标地址的。在局域网内可以自定义 IP 地址；如果局域网要连接到 Internet，则必须向有关部门申请采用全球唯一的 IP 地址。

2）IP 地址为一个 32 位的二进制数串，以每 8 位为一字节，取值范围为 0~255，用点分十进制表示。例如：设有以下 32 位二进制的 IP 地址，用带点的十进制标记法可记为 167.110.170.11。

10100111	01101110	10101010	00001011

这个表示 IP 地址的 32 位数串被分成 3 个域：类型、网络标识和主机标识。

3）Internet 指导委员会将 IP 地址划分为 5 类，适用于不同规模的网络。IP 地址的格式如表 12-2 所示。

表 12-2　IP 地址的格式

地址类型	标识位	范围	地址结构	可用网络地址数	可用主机地址数
A 类	0	1-126	网．主．主．主	126（27-1）	16777214（224-2）
B 类	10	128-191	网．网．主．主	16384（214）	65534（216-2）
C 类	110	192-223	网．网．网．主	2097152（221）	254（28-2）
D 类	1110	224-239	组播地址		
E 类	1111	240-	研究实验用地址		

实际应用上，有些地址要留作特殊用途，因此每类地址并非拥有它所在范围内的所有 IP 地址。比如：网络标识号首字节规定不能是 127，255 或 0，主机标识号的各位不能同时为 0 或 1。这样，A 类地址实际上最多只有 126 个网络标识号，每个 A 类网络最多可接入 $2^{24}-2$ 个主机。

（3）子网与子网掩码。子网（Subnet）是在 TCP/IP 网络上，用路由器连接的网段。同一子网内的 IP 地址必须具有相同的网络地址。使用 A 类地址或 B 类地址的单位可以把它们的网络划分成多个子网。子网的划分方法很多，常见的方法是用主机号的高位来标识子网号，其余位表示主机号。

一个网络被划分为若干个子网之后，就存在一个如何识别子网的问题。子网掩码就是为解决这一问题而设置的。子网掩码（Subnet Mask）用来确定 IP 地址中的网络地址部分。其格式与 IP 地址相同，也是一组 32 位的二进制数。子网掩码中为“1”的部分所对应的是 IP 地址中的网络地址部分，为“0”的部分所对应是 IP 地址中的主机地址部分。

（4）路由选择。IP 数据报如何从源主机无连接地、逐步地转送到目标主机？这就是 IP 协议的路由选择问题。有两种路由选择策略：一种是静态路由选择，即非自适应路由选择，其特点是简单和开销较小，但不能实时适应网络状态变化；另一种是动态路由选择，即自适应路由选择，其特点是能及时适应网络状态变化，但实现起来较为复杂，开销也比较大，网络中两个节点之间的路径是经常动态变化的，它与网络拓扑的改变和网络内的数据流量等情况有关。在进行路由选择时要用到路由表，每个路由有两个字段：目标网络号和路由器 IP 地址。路由器通过查找路由表来决定数据报经过的路由。这个路由不需要保存完整的端到端的链路，通常只保存下一步经过的路由信息就可以了。路由表的内容既可以用手工修改，也可以由动态路由协议自动来修改。

（5）IPV6。随着网络大规模地普及发展，IPV4 采用的 32 位地址已经接近枯竭。IPV6 是在 IPV4 的基础上发展起来的一种新版本的 IP 协议，IPV6 将地址空间扩展到 128 位，因而提供了一个更加有效而宽阔的 IP 地址空间。

与 IPV4 相比，IPV6 具有以下几个优势：

1）IPV6 具有更大的地址空间。IPV4 中规定 IP 地址长度为 32，即有 $2^{32}-1$ 个地址；而 IPV6 中 IP 地址的长度为 128，即有 $2^{128}-1$ 个地址。

2）IPV6 使用更小的路由表。IPV6 的地址分配一开始就遵循聚类（Aggregation）的原则，这使得路由器能在路由表中用一条记录（Entry）表示一片子网，大大减小了路由器中路由表的长度，提高了路由器转发数据包的速度。

3）IPV6 增加了增强的组播（Multicast）支持以及对流的支持（Flow Control），这使得网络上的多媒体应用有了长足发展的机会，为服务质量（Quality of Service，QoS）控制提供了良好的网络平台。

4）IPV6 加入了对自动配置（Auto Configuration）的支持。这是对 DHCP（动态主机配置协议）协议的改进和扩展，使得网络（尤其是局域网）的管理更加方便和快捷。

5）IPV6 具有更高的安全性。在使用 IPV6 网络中用户可以对网络层的数据进行加密，并对 IP 报文进行校验，极大地增强了网络的安全性。

因此，IPV6 在不久的将来，必然会得到普及和发展。

4. 用户数据报协议

（1）UDP 是一种基本的通信协议，只在发送的报文中增加了端口寻址和可选的差错检测功能。

（2）UDP 是非握手信息交换协议，不能确认接收到的数据或交换其他流量控制信息。

（3）UDP 数据报由报头及其后面报文内容组成。UDP 数据的报文格式如图 12-6 所示

0	16 31
源端口地址 16 位	目的端口地址 16 位
数据报报文长度 16 位	校验和 16 位
数据区	

图 12-6　UDP 数据的报文格式

（4）UDP 具有广播功能，可将报文同时发送到多个目的主机，包括向局域网内所有的 IP 地址以广播方式发送，或者向指定的 IP 地址以组播方式发送。

5. 传输控制协议（TCP）

（1）TCP 提供了一种可靠的传输层服务，采用“带重传的确认”技术来实现传输的可靠性。

TCP 协议中涉及了诸多规则来保障通信链路的可靠性，主要有以下几点：

1）面向连接，可靠传输。

2）将应用层的数据划分为更小的数据单元，便于传输。

3）重传机制。规定时间内未收到确认包，重传数据，避免丢包。

4）对首部和数据进行校验，避免数据错误。

5）对收到的数据进行排序，然后交给应用层，丢弃重复的数据。

6）提供流量控制。

（2）TCP 的报文格式如图 12-7 所示。

<table>
<tr><td colspan="3">源端口地址 16 位</td><td>目的端口地址 16 位</td></tr>
<tr><td colspan="4">顺序标号 32 位</td></tr>
<tr><td colspan="4">确认编号 32 位</td></tr>
<tr><td>报文头长度 4 位</td><td>保留 6 位</td><td>标志 6 位</td><td>窗口大小 16 位</td></tr>
<tr><td colspan="3">校验和 16 位</td><td>紧急指针 16 位</td></tr>
<tr><td colspan="4">选项和填充</td></tr>
<tr><td colspan="4">数据区…</td></tr>
</table>

图 12-7　TCP 的报文格式

对 TCP 报文中每个域的意义描述如下：

1）16bit 源端口号和 16bit 目的端口号用于寻找发送端和接收端的进程，通过端口号

和 IP 地址，可以唯一确定一个 TCP 连接。

2）顺序编号。顺序编号域显示了数据在原始数据流中的位置。从应用程序来的数据流可以划分为两个或更多的 TCP 段。

3）确认编号。32 位的确认编号是用来确认接收到的其他通信设备的数据。这个编号只有在控制域中的 ACK 位设置之后才有效。这时，它指出下一个期望到来的段的顺序编号。

4）报文头长度指出了 TCP 首部的长度值，4 位可以定义的值最多为 15，这个数字乘以 4 后就得到报文头中总共的字节数目。因此报文头中最多可以是 60 字节。由于报文头最少需要 20 字节来表达，那么还有 40 字节可以保留给选项域使用。

5）标志位（flag）。标志位为 1 时，表示相对应的位有效。

a. URG：紧急指针有效；

b. ACK：确认序号有效；

c. PSH：接收方应尽快将这个报文段交给应用层；

d. RST：重建连接；

e. SYN：同步序号用来发起一个连接；

f. FIN：发端完成发送任务（主动关闭）。

6）窗口大小：16 位的窗口大小域规定了滑动窗口的大小。

7）校验和：用于差错检测，是一个 16 位的域。

8）紧急指针：这是报文头中必须的最后一个域。它的值只有在控制标志域的 URG 位被设置后才有效。在这种情况下，发送者通知接收者段中的数据是紧急数据。指针指出了紧急数据的结束和普通数据的开始。

9）选项和填充：可以利用可选域为接收者传送额外的信息。

12.7 Modbus 协议

12.7.1 协议简介

Modbus 是 Modicon 公司于 1979 年为使用可编程逻辑控制器（PLC）通信而制定的通信协议。Modbus 是 OSI 模型第 7 层上的应用层报文传输协议，它在连接至不同类型总线或网络的设备之间提供客户机 / 服务器通信。

Modbus 已经成为工业领域通信协议的业界标准，广泛应用于工业自动化的各个领域。Modbus 允许多个（大约 240 个）设备连接在同一个网络上进行通信。Modbus 协议目前存在用于串口、以太网以及其他支持互联网协议的网络的版本。主要有三种协议：Modbus RTU、Modbus ASCII、Modbus TCP。Modbus RTU 是一种紧凑的，采用二进制表示数据的方式；Modbus ASCII 是一种人类可读的，字符格式的表示方式。这两个变种都使用串行通信（serial communication）方式。RTU 格式后续的命令 / 数据带有循环冗余校

验的校验和，而ASCII格式采用纵向冗余校验的校验和。对于通过TCP/IP（例如以太网）的连接，存在多个Modbus/TCP变种，这种方式不需要校验和计算，Modbus TCP实用502端口发送ADU（应用数据单元）。

对于所有的这三种通信协议在数据模型和功能调用上都是相同的，只有封装方式、校验方式是不同的。

Modbus通信笺如图12-8所示。

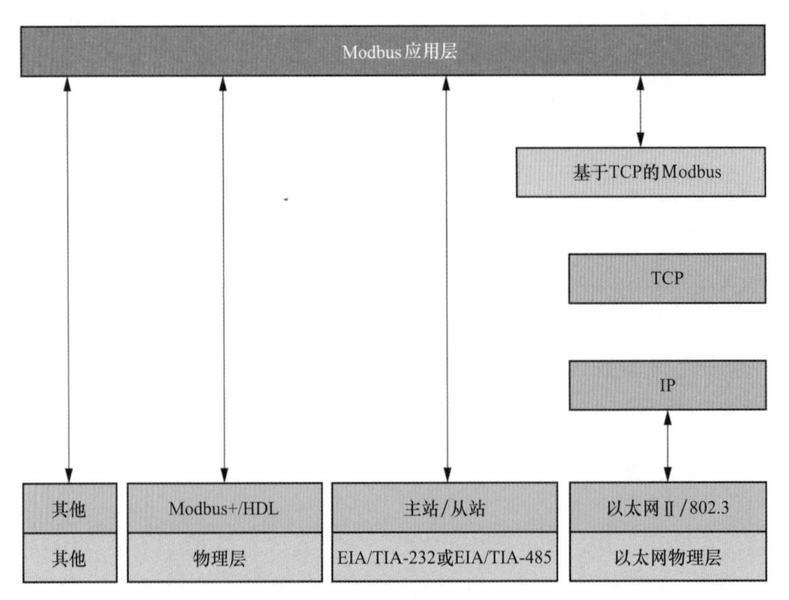

图12-8　Modbus通信栈

12.7.2　协议规范描述

1. 基本介绍

Modbus协议定义了一个与基础通信层无关的简单协议数据单元（PDU）。

图12-9所示为通用的Modbus帧格式。

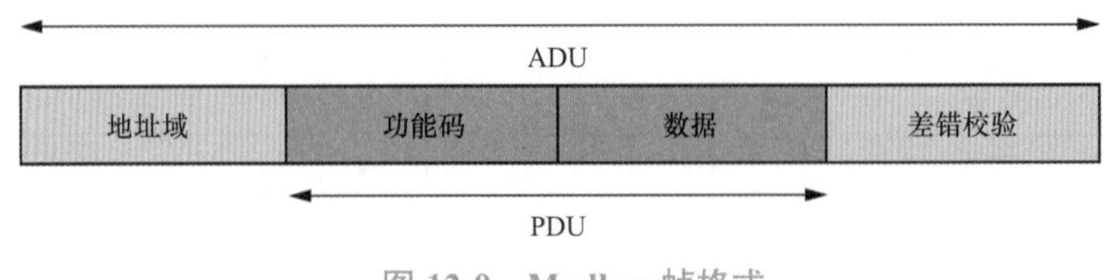

图12-9　Modbus帧格式

客户机启动Modbus事务处理，创建Modbus应用数据单元。功能码向服务器指示将执行哪种操作。

如果在一个正确接收的Modbus ADU中，那么服务器至客户机的响应数据域包括请求数据。如果出现与请求Modbus功能有关的差错，那么域包括一个异常码，服务器应用能够使用这个域确定下一个执行的操作。

Modbus 事务处理（正常无差错）如图 12-10 所示。

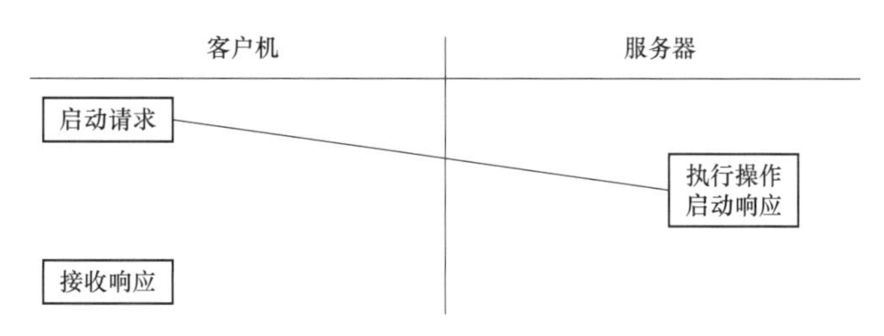

图 12-10　Modbus 事务处理（正常无差错）

Modbus 事务处理（异常响应）如图 12-11 所示。

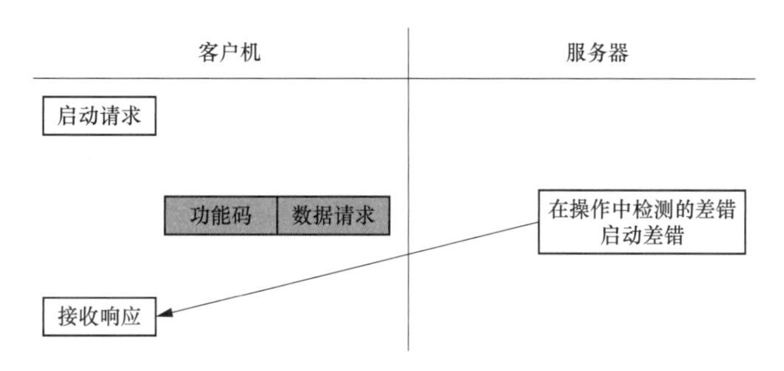

图 12-11　Modbus 事务处理（异常响应）

Modbus 数据编码采用“big-Endian”方式表示地址和数据项。这意味着当发射多个字节时，首先发送最高有效位。

Modbus 四种基本数据模型如表 12-3 所示。

表 12-3　Modbus 四种基本数据模型

基本表格	对象类型	访问类型	内容
离散量输入	单个比特	只读	I/O 系统提供这种类型数据
线圈	单个比特	读写	通过应用程序改变这种类型数据
输入寄存器	16- 比特字	只读	I/O 系统提供这种类型数据
保持寄存器	16- 比特字	读写	通过应用程序改变这种类型数据

图 12-12 描述了服务器侧 Modbus 事务处理的一般处理过程。

服务器端根据处理结果，可以建立两种类型响应：

（1）一个正常的 Modbus 响应：响应功能码 = 请求功能码。

（2）一个异常的 Modbus 响应：用来为客户机提供处理过程中与被发现的差错相关的信息；响应功能码 = 请求功能码 + 0x80；提供一个异常码来指示差错原因。

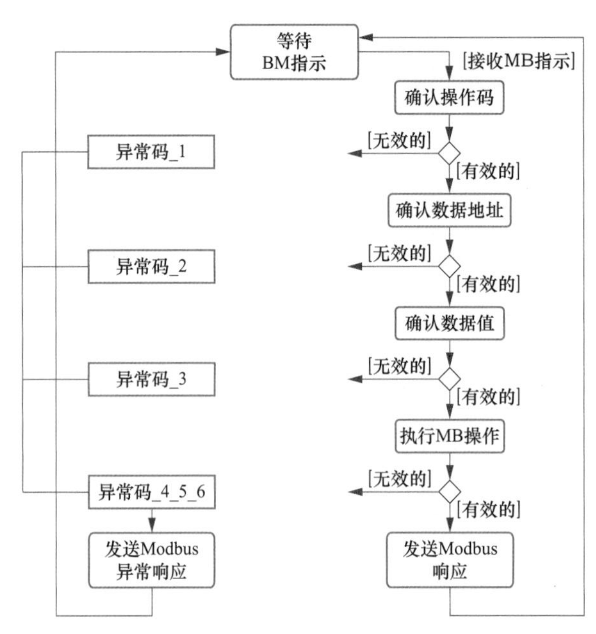

图 12-12　服务器侧 Modbus 事务处理的一般处理过程

异常码的列表如表 12-4 所示。

表 12-4　异常码的列表

代码	名称	含义
01	非法功能	对于服务器（或从站）来说，询问中接收到的功能码是不可允许的操作。这也许是因为功能码仅仅适用于新设备而在被选单元中是不可实现的。同时，还指出服务器（或从站）在错误状态中处理这种请求，例如：因为它是未配置的，并且要求返回寄存器值
02	非法数据地址	对于服务器（或从站）来说，询问中接收到的数据地址是不可允许的地址。特别是，参考号和传输长度的组合是无效的。对于带有 100 个寄存器的控制器来说，带有偏移量 96 和长度 4 的请求会成功，带有偏移量 96 和长度 5 的请求将产生异常码 02
03	非法数据值	对于服务器（或从站）来说，询问中包括的值是不可允许的值。这个值指示了组合请求剩余结构中的故障，例如：隐含长度是不正确的。并不意味着，因为 Modbus 协议不知道任何特殊寄存器的任何特殊值的重要意义，寄存器中被提交存储的数据项有一个应用程序期望之外的值
04	从站设备故障	当服务器（或从站）正在设法执行请求的操作时，产生不可重新获得的差错
05	确认	与编程命令一起使用。服务器（或从站）已经接受请求，并且正在处理这个请求，但是需要长的持续时间进行这些操作。返回这个响应防止在客户机（或主站）中发生超时错误。客户机（或主站）可以继续发送轮询程序完成报文来确定是否完成处理

续表

代码	名称	含义
06	从属设备忙	与编程命令一起使用。服务器（或从站）正在处理长持续时间的程序命令。服务器（或从站）空闲时，用户（或主站）应该稍后重新传输报文
08	存储奇偶性差错	与功能码 20 和 21 以及参考类型 6 一起使用，指示扩展文件区不能通过一致性校验。 服务器（或从站）设法读取记录文件，但是在存储器中发现一个奇偶校验错误。客户机（或主方）可以重新发送请求，但可以在服务器（或从站）设备上要求服务
0A	不可用网关路径	与网关一起使用，指示网关不能为处理请求分配输入端口至输出端口的内部通信路径。通常意味着网关是错误配置的或过载的
0B	网关目标设备响应失败	与网关一起使用，指示没有从目标设备中获得响应。通常意味着设备未在网络中

2. 功能码分类及定义

（1）功能码分类。

三类 Modbus 功能码如图 12-13 所示。

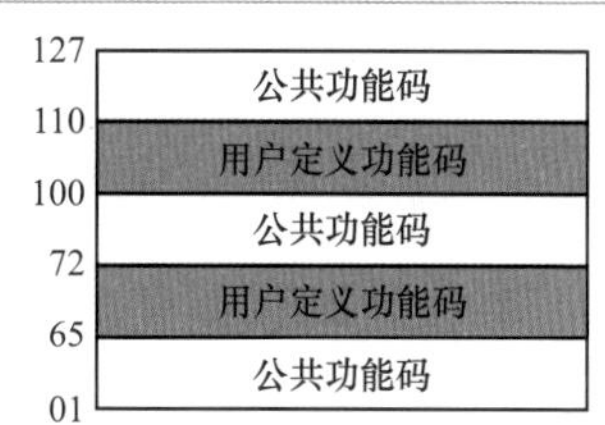

图 12-13　三类 Modbus 功能码

（2）公共功能码定义。

公共功能码的定义如表 12-5 所示。

表 12-5　公共功能码的定义表

项目				功能码（十进制）	功能子码	（十六进制）
数据访问	比特访问	物理离散量输入	读输入离散量	02		02H
		内部比或物理线圈	读线圈	01		01H
			写单个线圈	05		05H
			写多个线圈	15		0FH
	2 字节访问	输入存储器	读输入寄存器	04		04H
		内部存储器或物理输出存储器	读多个寄存器	03		03H
			写单个寄存器	06		06H
			写多个寄存器	16		10H
			读 / 写多个寄存器	23		17H
			屏蔽写寄存器	22		16H
	文件记录访问		读文件记录	20	6	14H
			写文件记录	21	6	15H
封装接口			读设备识别码	43	14	2BH

3. 主要功能码描述

（1）01（0x01）读线圈。使用该功能码从一个 I/O 设备中读取线圈（位状态）的连续值（1~2000 个）。请求 PDU 中的起始地址，指定了第一个线圈地址和线圈编号。编号从零开始。响应报文中的位值，1=ON 和 0=OFF 指示线圈状态，字节和位都按照低在前、高在后的顺序排列。响应报文的第一个数据字节的 LSB（最低有效位）对应第一个线圈的状态。其他线圈依次类推，一直到这个字节的高位端为止，并在后续字节中从低位到高位的顺序依次排列。如果返回的输出数量不是八的倍数，将用零填充最后数据字节中的剩余比特位。

（2）02（0x02）读离散量输入。使用该功能码从一个 I/O 设备中读取离散量（位状态）的连续值（1~2000 个）。同 01（0x01）读线圈功能相同。

（3）03（0x03）读保持寄存器。

1）使用该功能码从一个远程设备中读取保持寄存器（2 字节）连续块的内容。请求 PDU 说明了起始寄存器地址和寄存器数量。从零开始寻址寄存器。

2）将响应报文中的寄存器数据分成每个寄存器有两个字节，在每个字节中直接地调整二进制内容。对于每个寄存器，第一个字节包括高位比特，并且第二个字节包括低位比特。

（4）04（0x04）读输入寄存器。

1）使用该功能码从一个远程设备中读取输入寄存器连续块（1~125）的内容。请求 PDU 说明了起始寄存器地址和寄存器数量。从零开始寻址寄存器。

2）将响应报文中的寄存器数据分成每个寄存器有两字节，在每个字节中直接地调整二进制内容。对于每个寄存器，第一个字节包括高位比特，并且第二个字节包括低位比特。

（5）05（0x05）写单个线圈。

1）使用该功能码向一个远程设备写单个线圈输出为 ON 或 OFF。

2）请求数据域中的输出值十六进制值 FF 00，请求输出为 ON。十六进制值 00 00 请求输出为 OFF。其他所有值均是非法的，并且对输出不起作用。

3）请求 PDU 的输出地址从零开始寻址线圈。

4）正常响应是请求的应答，在写入线圈状态之后返回这个正常响应。

（6）06（0x06）写单个寄存器。

1）使用该功能码向一个远程设备写单个保持寄存器为 ON 或 OFF。

2）请求 PDU 的寄存器地址从零开始寻址寄存器。

3）正常响应是请求的应答，在写入寄存器内容之后返回这个正常响应。

（7）15（0x0F）写多个线圈。

1）使用该功能码向一个远程设备强制设置线圈序列中的每个线圈为 ON 或 OFF。

2）请求 PDU 的起始地址从零开始寻址线圈。

3）在请求数据域中说明了请求写入的起始地址、输出数量、字节数、输出值。

4）请求数据域的输出值说明了被请求的 ON/OFF 状态。域比特位置中的值“1”请求相应输出为 ON。域比特位置中的值“0”请求相应输出为 OFF。

5）正常响应返回功能码、起始地址和强制的线圈数量。

（8）16（0x10）写多个寄存器。

1）使用该功能码向一个远程设备写连续寄存器块（1~120 个寄存器）。

2）在请求数据域中说明了请求写入的起始地址、寄存器数量、字节数、寄存器值。每个寄存器有两个字节。正常响应返回功能码、起始地址和被写入寄存器的数量。

（9）20（0x14）读文件记录。

1）该功能码用于文件记录读取。字节数代表所有请求数据长度，并且根据寄存器提供所有记录长度。文件是由多个记录构成的结构。每个文件包括 10000 个记录，记录序号为十进制 0000~9999 或十六进制 0x0000~0x270F。

2）该功能可以读取多个分散的参考组。但要求每组中的参考必须是连续的。

3）每个独立的“子请求”域包含以下内容：

a. 参考类型：1 个字节（固定为 6）；

b. 文件号：2 个字节；

c. 文件中的起始记录号：2 个字节；

d. 被读出的记录长度：2 个字节；

e. 被读取的寄存器数量不能超过 256 个字节长度。

4）正常响应时，是一系列“子响应”要与“子请求”一一对应。字节数域代表所有“子响应”中的全部组合字节数。另外，每个“子响应”都包括一个域表示自身字节数目。20（0x14）的请求功能码、响应功能码以及错误码的详情分别如表 12-6~ 表 12-8 所示。

表 12-6 请求 PDU

请求功能码	1 个字节	0x14
字节数	1 个字节	0x07 至 0xF5 字节
子请求 *n*，参考类型	1 个字节	06
子请求 *n*，文件号	2 个字节	0x0000 至 0xFFFF
子请求 *n*，记录号	2 个字节	0x0000 至 0x270F
子请求 *n*，记录长度	2 个字节	*N*
子请求 *n*+1，…		

表 12-7 响应 PDU

响应功能码	1 个字节	0x14
响应数据长度	1 个字节	0x07 至 0xF5
子请求 *n*，文件响应长度	1 个字节	0x07 至 0xF5
子请求 *n*，参考类型	1 个字节	6
子请求 *n*，记录数据	$N\times2$ 个字节	
子请求 *n*+1，…		

表 12-8　　错误

错误码	1 个字节	0x94
异常码	1 个字节	01 或 02 或 03 或 04 或 08

（10）21（0x15）写文件记录。

1）该功能码用于文件记录写入。字节数代表所有请求数据长度，并且根据字节数量提供所有记录长度。文件是多个记录组成的结构。每个文件包括 10000 个记录，记录序号为十进制 0000~9999 或十六进制 0x0000~0x270F。

2）该功能可以写多个分散的参考组。但要求每组内的参考必须是连续的。每个独立的“子请求”域包含以下内容：

a. 参考类型：1 个字节（固定为 6）；

b. 文件号：2 个字节；

c. 文件中的起始记录号：2 个字节；

d. 被写入的记录长度：2 个字节；

e. 被写入的数据：每个寄存器为 2 字节。

f. 被写入的寄存器数量不能超过 256 个字节长度，这个寄存器数量与询问中的所有其他域组合。

3）21（0x15）请求功能码、响应功能码以及错误码的详情分别如表 12-9~ 表 12-11 所示。

表 12-9　　请求 PDU

请求功能码	1 个字节	0x14
请求数据长度	1 个字节	0x07 至 0xF5
子请求 *n*，参考类型	1 个字节	06
子请求 *n*，文件号	2 个字节	0x0000 至 0xFFFF
子请求 *n*，记录号	2 个字节	0x0000 至 0x270F
子请求 *n*，记录长度	2 字节	N
子请求 *n*，记录数据	$N \times 2$ 个字节	
子请求 *n*+1，…		

表 12-10　　响应 PDU

响应功能码	1 个字节	0x15
响应数据长度	1 个字节	
子请求 *n*，参考类型	1 个字节	06
子请求 *n*，文件号	2 个字节	0x0000 至 0xFFFF
子请求 *n*，记录号	2 个字节	0x0000 至 0xFFFF

续表

子请求 n，记录长度	2 个字节	0x0000 至 0xFFFF N
子请求 n，记录数据	$N\times2$ 个字节	
子请求 $n+1$，…		

表 12-11 错误

错误码	1 个字节	0x95
异常码	1 个字节	01 或 02 或 03 或 04 或 08

（11）22（0x16）屏蔽写寄存器。

1）该功能码用于通过利用 AND 操作、OR 操作以及寄存器内容的组合来修改特定保持寄存器内的部分内容。使用这个功能可以设置或清除寄存器中的单个比特。请求域描述了被写入的保持寄存器、AND 屏蔽使用的数据以及 OR 屏蔽使用的数据。从 0 开始寻址寄存器。

2）响应结果为（当前内容 AND And_Mask）OR（Or_Mask AND And_Mask）。

3）正常的响应是请求的应答。在已经写入寄存器之后，返回响应。

（12）23（0x17）读 / 写多个寄存器。

1）在一个单独 Modbus 事务中，这个功能码实现了一个读操作和一个写操作的组合。从零开始寻址保持寄存器。

2）请求说明了起始地址、被读取的保持寄存器号和起始地址、保持寄存器号以及被写入的数据。在写数据域中，字节数说明随后的字节号。

3）正常响应包括被读出的寄存器组的数据。在读数据域中，字节数域说明随后的字节数量。

12.8 IEC 60870-5-104 协议

12.8.1 综述

IEC 60870-5-104 协议是 IEC 60870-5-101 的应用层与 TCP/IP 提供的传输功能的结合。DL/T 634.5104—2002 是国内等同采用的电力行业标准，是全国各级调度自动化系统及配网自动化系统都应遵循的规范。IEC 60870-5-104 协议采用平衡传输方式。控制站称为客户端（Client），被控站称为服务端（Server），应答整站召唤和组召唤时必须用（SQ=1）连续地址方式传送，支持手动站召唤。每一个 TCP 地址由一个 IP 地址和一个端口号组成。每个连接到 TCP-LAN 上的设备都有自己特定的 IP 地址，而为整个系统定义的端口号却是一样的。IEC 60870-5-104 协议要求，端口号 2404 由 IANA（互联网数字分配授权）定义和确认。

12.8.2 网络层次

IEC 60870-5-104 协议的网络层次如表 12-12 所示。

表 12-12 网络层次表

<table>
<tr><td>根据 DL/T 634.5101，从 GB/T 18657.5 中选取的应用功能</td><td>初始化</td><td>用户进程</td></tr>
<tr><td colspan="2">从 DL/T 634.5101 选取的 ASDU</td><td rowspan="2">应用层（第 7 层）</td></tr>
<tr><td colspan="2">APCI（应用协议控制信息）
传输接口（用户到 TCP 的接口）</td></tr>
<tr><td colspan="2" rowspan="4">TCP/IP 协议子集（RFC 2200）</td><td>传输层（第 4 层）</td></tr>
<tr><td>网络层（第 3 层）</td></tr>
<tr><td>链路层（第 2 层）</td></tr>
<tr><td>物理层（第 1 层）</td></tr>
</table>

注 第 5 层、第 6 层未用。

12.8.3 APDU（应用规约数据单元）的定义

1. 基本报文格式

（1）APDU 的构成。由于 IEC 60870-5-104 的传输接口（TCP 到用户）没有为 ASDU（应用服务数据单元）定义任何启动或停止机制。因此，每个 APCI（应用规约控制信息）必须包括相关的界定元素，以便明确 ASDU 的启动和结束。界定元素包括一个启动字符、APDU 长度（1 字节）、控制域（4 字节）。

（2）APDU 格式如图 12-14 所示。

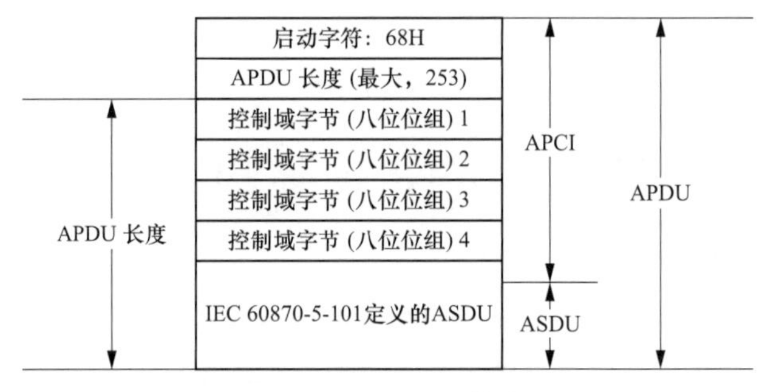

图 12-14 APDU 格式

（3）APCI 的含义

1）启动字符 68H 定义了数据流的起点。

2）APDU 的长度域定义了 APDU 体的长度，它包括 APCI 的四个控制域字节和 ASDU。

3）控制域定义了保护报文不至丢失和重复传送的控制信息、报文传输启动 / 停止，以及传输连接的监视等。

4）APDU 域的最大长度是 253，ASDU 的最大长度是 249。

2. 三种类型报文格式的控制域定义

IEC 60870-5-104 定义了三种报文格式：

I 格式：编号的信息传输格式（Information Transmit Format）。

S 格式：编号的监视功能格式（Numbered supervisory functions）。

U 格式：不编号的控制功能格式（Unnumbered control function）。

（1）I 格式描述。

1）I 格式控制域标志：第一个八位位组的第一位比特 = 0 ；第三个八位位组第一位比特 = 0;

2）特别约定：I 格式的 APDU 必须至少包含一个 ASDU。I 格式的控制信息如图 12-15 所示。

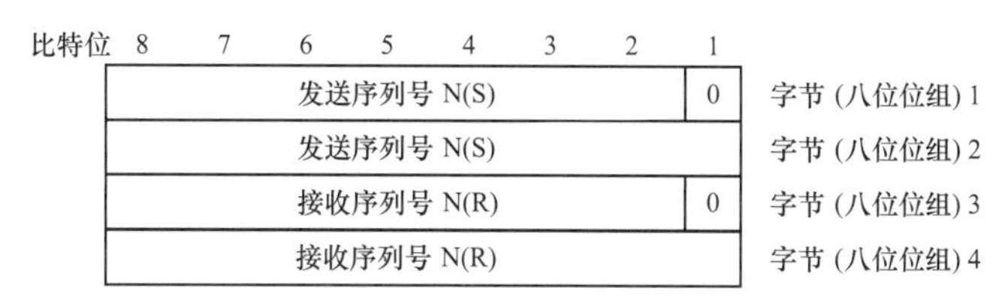

图 12-15 I 格式的控制信息

（2）S 格式描述。

1）S 格式控制域标志：第一个八位位组的第一位比特 = 1，第二位比特 = 0，第三个八位位组第一位比特 = 0;

2）特别约定：S 格式的 APDU 只包含 APCI。S 格式的控制信息如图 12-16 所示。

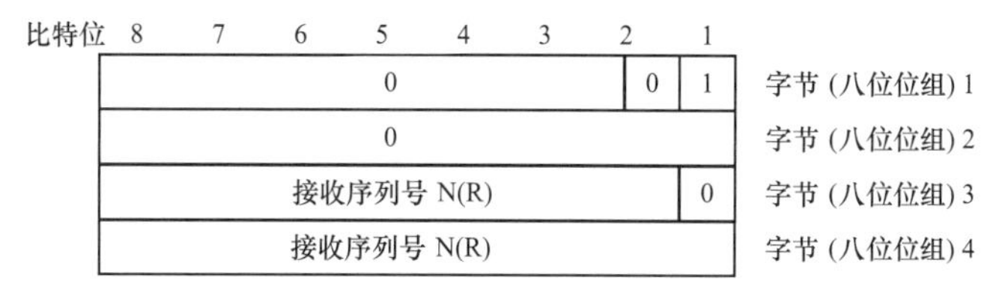

图 12-16 S 格式的控制信息

（3）U 格式描述。

1）U 格式控制域标志：第一个八位位组的第一位比特 = 1，第二位比特 =1，第三个八位位组第一位比特 = 0。

2）特别约定：

a. U 格式的 APDU 只包括 APCI。

b. TESTFR、STOPDT 或 STARTDT 三者，在同一时刻只有一个功能可以被激活。

c. U 格式的控制信息如图 12-17 所示。

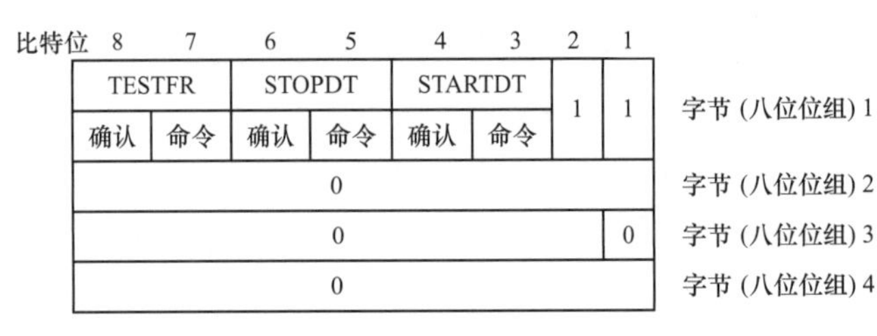

图 12-17 U 格式的控制信息

3. 应用服务数据单元（ASDU）描述

（1）应用服务数据单元基本格式描述。

数据单元标识符的结构定义：

1）第一个八位位组（1 字节）：类型标识；

2）第一个八位位组（1 字节）：可变结构限定词；

3）第二个八位位组（2 字节）：传送原因；

4）第二个八位位组（2 字节）：应用服务数据单元公共地址；

5）第三个八位位组（3 字节）：信息对象地址。

一组信息元素集可以是下列一种：单个信息元素、单个信息元素序列、信息元素集合、信息元素集合序列。类型标识定义了信息对象的结构、类型和格式。

（2）应用服务数据单元（ASDU）的结构如图 12-18 所示。

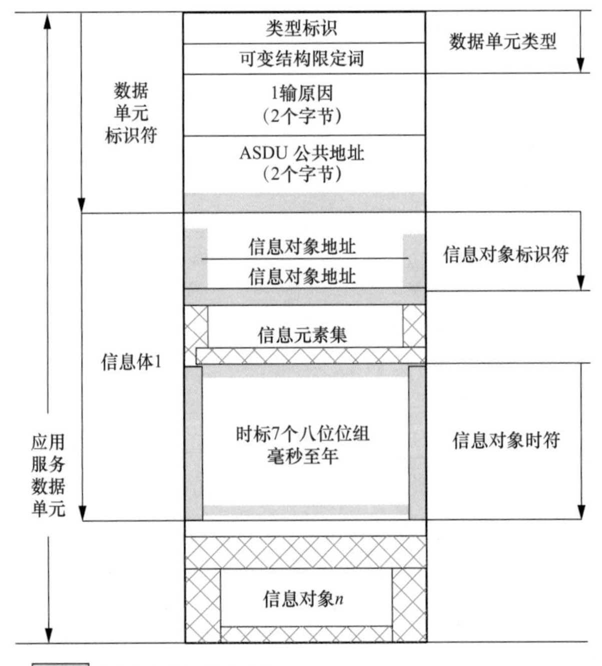

图 12-18 应用服务数据单元（ASDU）的结构

1）数据单元标识符：= CP16+8a+8b{TYPE IDENTIFICATION，VARIABLE STRUCTURE QUALIFIER，CAUSE OF TRANSMISSION，COMMON ADDRESS}。

2）系统参数 a：= 公共地址的八位位组数目（2 个）。

3）系统参数 b：= 传送原因的八位位组数目（2 个）。

4）信息对象：= CP8c + 8d + 8t { INFORMATION OBJECT ADDRESS，SET OF INFORMATION ELEMENTS，TIME TAG（opt）}。

5）系统参数 c：= 信息对象地址的八位位组数目（3 个）。

6）可变参数 d：= 信息元素集八位位组的个数。

7）可变参数 t：= 7 当信息对象时标出现时，0 当信息对象时标不出现时。

（3）可变结构限定词。在应用服务数据单元中，其数据单元标识符的第二个八位位组定义为可变结构限定词，规定如图 12-19 所示。

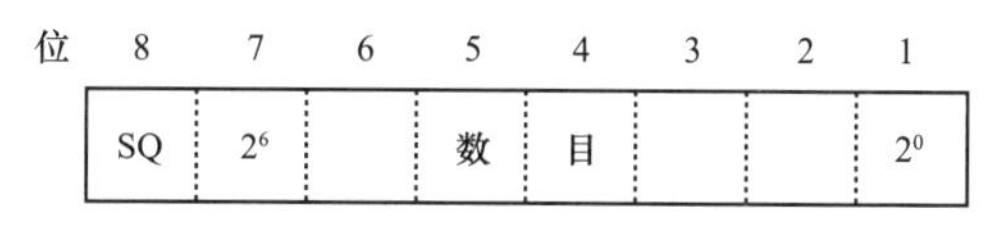

图 12-19　可变结构限定词规定

可变结构限定词域值的语义定义如下：

1）可变结构限定词= VARIABLE STRUCTURE QUALIFIER：= CP8{number、SQ}。

2）number = N =数目：= UI7[1..7]<0..127>。

3）<0>：= 应用服务数据单元中不含信息对象。

4）<1..127>：= 应用服务数据中单元信息元素（单个信息元素 / 同类信息元素组合）的个数。

5）SQ =单个或者顺序：= BS1[8]<0..1>。

6）<0>：= 寻址同一种类型的许多个信息对象中单个的信息元素 / 信息元素的集合。

7）<1>：= 寻址 ASDU 单个信息对象中顺序的单个信息元素 / 信息元素的同类集合。

8）SQ<0> 和 N<0..127>：= 信息对象的个数 i。

9）SQ<1> 和 N<0..127>：= 每个应用服务数据单元中单个对象的信息元素 / 信息元素的集合的个数 j。

10）SQ 位规定了寻址后续信息对象或单个信息元素 / 信息元素集合的方法。

11）SQ：= 0 由信息对象地址寻址的单个信息元素 / 信息元素集合。应用服务数据单元可以由一个或者多个同类的信息对象所组成。数目 N 是一个二进制的信息对象的个数。

12）SQ：= 1 单个信息元素 / 信息元素同类集合的序列（即同一种格式测量值）由信息对象地址来寻址（见 IEC 60870-5-3 中的 5.1.5），信息对象地址是顺序单个信息元素 / 信息元素集合的第一个信息元素或者集合的地址。后续单个信息元素 / 信息元素集合的地址是从这个地址起依次加 1。数目 N 是一个二进制数，它定义了单个信息元素 / 信息元素集合的个数。在顺序单个信息元素/信息元素集合的情况下每个应用服务数据单元仅安排一个信息对象（在回答总召唤和组召唤时必须使用 SQ = 1，在变化量传输时要看具体情况选用 SQ = 0 或 SQ = 1）。

（4）应用服务数据单元公共地址。

（5）传输原因。

1）在应用服务数据单元中，其数据单元标识符的第三个和第四个八位位组定义为传输原因，如图 12-20 所示。

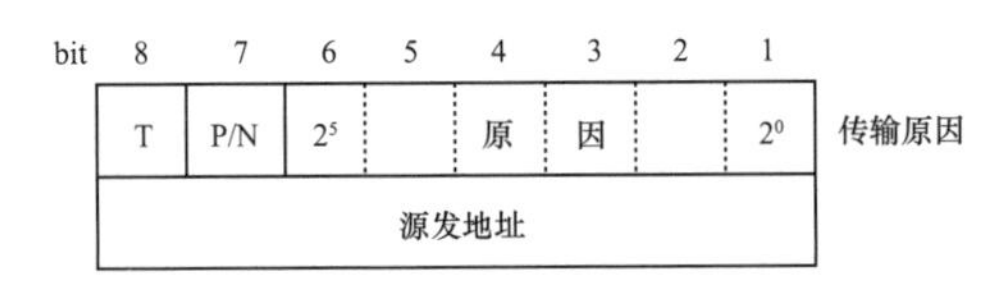

图 12-20　传输原因

2）传输原因域值语义定义：

传输原因= CAUSE OF TRANSMISSION：= CP8{Cause，P/N，T}

其中　Cause：= UI6[1..6]<0..63>

<0>：= 未定义

<1..63>：=传输原因序号

<1..47>：=本配套标准的标准定义（兼容范围）

<48..63>：= 专用范围

P/N：= BS1[7]<0..1>

<0>：= 肯定确认

<1>：=否定确认

T = test：= BS1[8]<0..1>

<0>：=未试验

<1>：=试验

3）控制站将舍弃那些传输原因值没有被定义的应用服务数据单元。

4）将应用服务数据单元送给某个特定的应用任务（程序）时，应用任务（程序）根据传输原因的内容便于进行处理。

5）P/N 位用以对由始发应用功能所请求的激活以肯定或者否定确认，在无关的情况下 P/N 置零。

6）传输原因的语义：

原因 = Cause：= UI6[1..6]<0..63>

<0>：= 未用

<1>：= 周期、循环　　per/cyc

<2>：= 背景扫描　　back

<3>：＝突发（自发） spont
<4>：＝初始化 init
<5>：＝请求或者被请求 req
<6>：＝激活 act
<7>：＝激活确认 actcon
<8>：＝停止激活 deact
<9>：＝停止激活确认 deactcon
<10>：＝激活终止 actterm
<11>：＝远方命令引起的返送信息 retrem
<12>：＝当地命令引起的返送信息 retloc
<13>：＝文件传输 file
<14..19>：＝为配套标准兼容范围保留
<20>：＝响应整站召唤 introgen
<21>：＝响应第 1 组召唤 inro1
<22>：＝响应第 2 组召唤 inro2
<23>：＝响应第 3 组召唤 inro3
<24>：＝响应第 4 组召唤 inro4
<25>：＝响应第 5 组召唤 inro5
<26>：＝响应第 6 组召唤 inro6
<27>：＝响应第 7 组召唤 inro7
<28>：＝响应第 8 组召唤 inro8
<29>：＝响应第 9 组召唤 inro9
<30>：＝响应第 10 组召唤 inro10
<31>：＝响应第 11 组召唤 inro11
<32>：＝响应第 12 组召唤 inro12
<33>：＝响应第 13 组召唤 inro13
<34>：＝响应第 14 组召唤 inro14
<35>：＝响应第 15 组召唤 inro15
<36>：＝响应第 16 组召唤 inro16
<37>：＝响应计数量总召唤 reqcogen
<38>：＝响应第 1 组计数量召唤 reqco1
<39>：＝响应第 2 组计数量召唤 reqco2
<40>：＝响应第 3 组计数量召唤 reqco3
<41>：＝响应第 4 组计数量召唤 reqco4
<42..43>：＝为配套标准兼容范围保留
<44>：＝未知的类型标识

<45>：=未知的传送原因

<46>：=未知的应用服务数据单元公共地址

<47>：=未知的信息对象地址

<48..63>：=特殊应用能力保留（专用范围）

7）在控制方向的应用服务数据单元，其数据单元标识符以及信息对象地址为定义的值（可变结构限定词除外），被控站以“P/N = <1> 否定确认”以及下述传输原因回答：

未知类型标识	44
未知传输原因	45
未知应用服务数据单元公共地址	46
未知信息对象地址	47

8）控制站每次接收到下述应用服务数据单元，监视和记录通信差错：在监视方向上的应用服务数据单元，其数据单元标识符（可变结构队限定词除外）值未定义；在监视方向上的应用服务数据单元，其信息对象地址值未定义。

9）如果接收到控制方向未知（类型标识符 45~51）序号的应用服务数据单元，这些应用服务数据单元不应影响后续报文的处理。

源发地址用来标明响应来自哪个主站的召唤，一般情况不使用。源发地址不使用时置成 0。

4. 应用功能报文结构描述

（1）监视方向的应用功能类型。

类型标识：=UI8[1..8]<0..44>

<1>：= 单点信息	M_SP_NA_1
<3>：= 双点信息	M_DP_NA_1
<9>：= 测量值，规一化值	M_ME_NA_1
<11>：= 测量值，标度化值	M_ME_NB_1
<13>：= 测量值，短浮点数	M_ME_NC_1
<30>：= 带时标 CP56Time2a 的单点信息	M_SP_TB_1
<31>：= 带时标 CP56Time2a 的双点信息	M_DP_TB_1
<34>：= 带时标 CP56Time2a 的测量值，规一化值	M_ME_TD_1
<35>：= 带时标 CP56Time2a 的测量值，标度化值	M_ME_TE_1
<36>：= 带时标 CP56Time2a 的测量值，短浮点数	M_ME_TF_1

下面以单点遥信（类型标识 1：M_SP_NA_1）为例，描述一下应用报文的具体结构，单点遥信（类型标识 1：M_SP_NA_1）：

1）不带时标的单点信息，离散的信息量传输，信息对象序列（SQ = 0）。

监视方向的单点遥信报文格式如表 12-13 所示。

表 12-13　　监视方向的单点遥信报文格式

0 0 0 0 0 0 0 1	类型标识（TYP）	
0 信息对象数 i	可变结构限定词（VSQ）	
两个字节（含源发送地址）	传输原因（COT）	
两个字节	应用服务数据单元公共地址	
三个字节	信息对象地址	信息对象 1
IV NT SB BL 0 0 0 SPI	SIQ =带品质描述词的单点信息	
三个字节	信息对象地址	信息对象 i
IV NT SB BL 0 0 0 SPI	SIQ =带品质描述词的单点信息	

M_SP_NA_1：= CP{Data unit identifier，i（information object address，SIQ）}

i：=在可变结构限定词中定义的信息对象个数。

2）连续的信息量传输，单个信息对象中顺序的信息元素（SQ = 1）。

监视方向的连续报文格式如表 12-14 所示。

表 12-14　　监视方向的连续报文格式

0 0 0 0 0 0 0 1	类型标识（TYP）	
1　信息元素数 j	可变结构限定词（VSQ）	
两个字节（含源发地址）	传输原因（COT）	
两个字节	应用服务数据单元公共地址	
三个字节	信息对象地址 A	信息对象
IV NT SB BL 0 0 0 SPI	1 SIQ =带品质描述词的单点信息属于信息对象地址 A	
IV NT SB BL 0 0 0 SPI	j SIQ =带品质描述词的单点信息属于信息对象地址 A+j−1	

M_SP_NA_1：= CP{Data unit identifier，information object address，j（SIQ）}

j：= 在可变结构限定词中定义的信息元素数目。

传送原因用于

类型标识 1：M_SP_NA_1

传送原因

<2>：= 背景扫描

<3>：= 突发（自发）

<5>：= 被请求

<11>：= 远方命令引起的返送信息

<12>：= 当地命令引起的返送信息

<20>：＝响应站召唤

<21>：＝响应第 1 组召唤

<22>：＝响应第 2 组召唤

⋮

<36>：＝响应第 16 组召唤

3）监视方向的其他应用类型的详细结构，可参考 DL/T 634.5104—2002，在此不再详述。

（2）控制方向的过程信息。

类型标识：= UI8[1..8]<45..69>

CON<45>：= 单命令　　C_SC_NA_1

CON<46>：= 双命令　　C_DC_NA_1

CON<48>：= 设点命令，规一化值　　C_SE_NA_1

CON<61>：＝带 CP56Time2a 时标的设定值命令、规一化值　　C_SE_TA_1

CON<136>：＝多点设定值命令、规一化值　　C_SE_ND_1

CON<137>：＝带 CP56Time2a 时标的计划曲线传送、规一化值　　C_SE_TD_1

下面以单点命令（类型标识 45：C_SC_NA_1），描述一下应用报文的具体结构。

单点命令（类型标识 45：C_SC_NA_1）：

单个信息对象（SQ＝0）。

单点命令报文格式如表 12-15 所示。

表 12-15　单点命令报文格式

<table>
<tr><td>0</td><td>0</td><td>1</td><td>0</td><td>1</td><td>1</td><td>0</td><td>1</td><td>类型标识（TYP）</td><td rowspan="4"></td></tr>
<tr><td>0</td><td>0</td><td>0</td><td>0</td><td>0</td><td>0</td><td>0</td><td>1</td><td>可变结构限定词（VSQ）</td></tr>
<tr><td colspan="8">两个字节（含源发地址）</td><td>传送原因（COT）</td></tr>
<tr><td colspan="8">两个字节</td><td>应用服务数据单元公共地址</td></tr>
<tr><td colspan="8">三个字节</td><td>信息对象地址</td><td rowspan="2">信息对象</td></tr>
<tr><td>S/E</td><td colspan="5">QU</td><td>0</td><td>SCS</td><td>SCO＝单命令</td></tr>
</table>

C_SC_NA_1：＝CP{Data unit identifier，information object address，SCO}

传输原因用于

类型标识 45：C_SC_NA_1

传输原因

在控制方向

<6>：＝激活

<8>：＝停止激活

在监视方向

<7>：＝激活确认

<9>：＝停止激活确认

<10>：＝激活终止

<44>：＝未知的类型标识

<45>：＝未知的传输原因

<46>：＝未知的应用服务数据单元公共地址

<47>：＝未知的信息对象地址

控制方向的其他应用类型的详细结构，可参考 DL/T 634.5104—2002，在此不再详述。

（3）在监视方向的系统信息。

类型标识：= UI8[1..8]<70..99>

<70>：= 初始化结束 M_EI_NA_1

<71..99>：= 保留

初始化结束（类型标识 70：M_EI_NA_1）

单个信息对象（SQ＝0）

监视方向的系统信息报文格式如表 12-16 所示。

表 12-16 监视方向的系统信息报文格式

0	1	0	0	0	1	1	0	类型标识（TYP）	
0	0	0	0	0	0	0	1	可变结构限定词（VSQ）	
两个字节（含源发送地址）								传输原因（COT）	
两个字节								应用服务数据单元公共地址	
三个字节								信息对象地址	信息对象
CP8								COI＝初始化原因	

M_EI_NA_1：＝CP{Data unit identifier，information object address，COI}

传输原因用于

类型标识 70：M_EI_NA_1

传输原因

<4>：＝被初始化

（4）在控制方向的系统信息。

类型标识：= UI8[1..8]<100..109>

CON<100>：= 总召唤命令 C_IC_NA_1

CON<102>：= 读命令 C_RD_NA_1

CON<103>：= 时钟同步命令 C_CS_NA_1

CON<105>：= 复位进程命令 C_RP_NA_1

下面以总召唤命令（类型标识 100：C_IC_NA_1），描述一下应用报文的具体结构。

总召唤命令（类型标识 100：C_IC_NA_1）：

单个信息对象（SQ = 0）。

总召唤命令报文格式如表 12-17 所示。

表 12-17　　总召唤命令报文格式

0	1	1	0	0	1	0	0	类型标识（TYP）	
0	0	0	0	0	0	0	1	可变结构限定词（VSQ）	
两个字节（含源发送地址）								传输原因（COT）	
两个字节								应用服务数据单元公共地址	
三个字节								信息对象地址＝0	信息对象
CP8								QOI＝召唤限定词	

C_IC_NA_1：＝CP{Data unit identifier，information object address，QOI}

传输原因用于

类型标识 100：C_IC_NA_1

传输原因：

在控制方向

<6>：＝激活

<8>：＝停止激活

在监视方向

<7>：＝激活确认

<9>：＝停止激活确认

<10>：＝激活终止

<44>：＝未知的类型标识

<45>：＝未知的传输原因

<46>：＝未知的应用服务数据单元公共地址

<47>：＝未知的信息对象地址

控制方向的其他系统信息类型的详细结构，可参考 DL/T 634.5104，在此不再详述。

12.8.4　通信过程描述

1. 初始化过程描述

通信连接的建立有两种方式：

（1）由一对控制站（客户端）和被控站中（服务端）的控制站建立连接。

（2）两个平等的控制站，固定由其中一个站建立连接。

连接的释放既可以由控制站也可以由被控站提出。

2. IEC 60870-5-104 规约启动过程流程描述

IEC 60870-5-104 规约启动过程流程描述如图 12-21 所示。

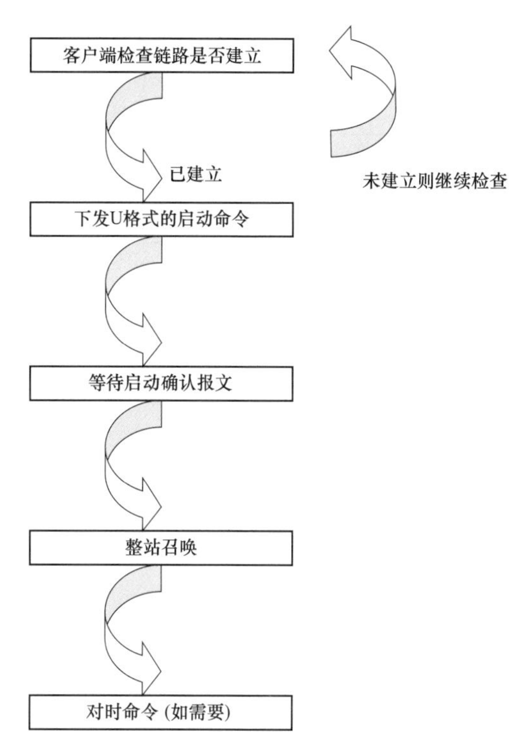

图 12-21 IEC 60870-5-104 规约启动过程流程描述

3. 对时过程描述

（1）控制站（客户端）刚建立连接并在总召唤结束后，下发一次对时命令，其他时间控制站根据设定对时周期下发对时命令。

（2）被控站（服务端）收到对时命令后回答一条对时确认报文，并且直接修改本机时钟。

（3）如果控制站在 t_4 时间（等待应用报文确认超时）内没有收到对时确认报文，可以用最新主机时钟重新组装对时报文下发，这个过程最多不超过 3 次。

（4）被控站返回报文中的时间与控制站下发报文中的时间相同。不计算通道延时。IEC 60870-5-104 规约对时过程描述如图 12-22 所示。

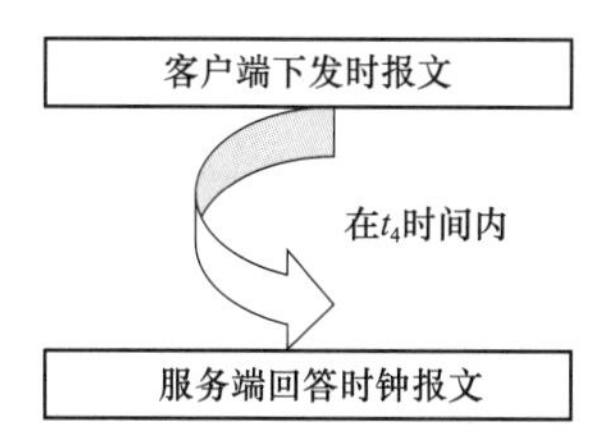

图 12-22 IEC 60870-5-104 规约对时过程描述

4. 遥控过程描述

IEC 60870-5-104 规约遥控过程描述如图 12-23 所示。

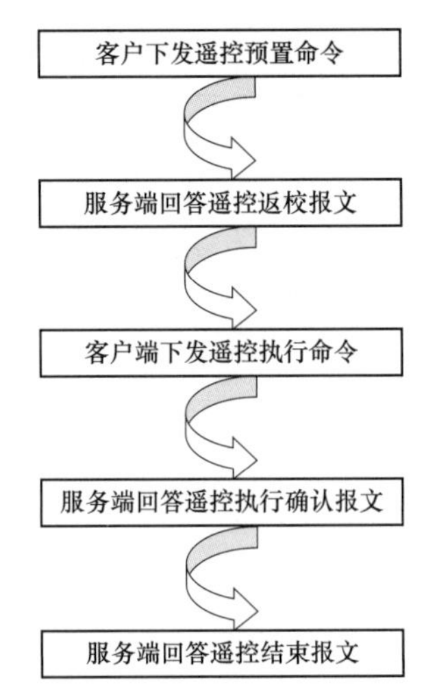

图 12-23　IEC 60870-5-104 规约遥控过程描述

5. 设点过程描述

IEC 60870-5-104 规约设点过程描述如图 12-24 所示。

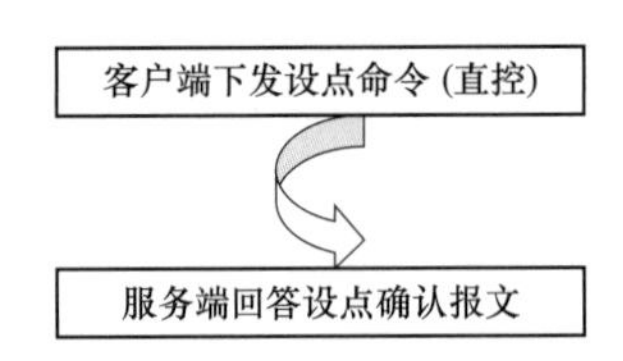

图 12-24　IEC 60870-5-104 规约设点过程描述

6. 站召唤和组召唤描述

采用整站召唤和组召唤相结合的方式。刚建立链路后的第一次召唤使用站召唤，而且不能被打断，定时召唤采用分组召唤。为了缩短召唤应答的时间，规定回答站召唤和组召唤时必须用（SQ=1）并按连续地址方式传送。

7. 计划值曲线描述

（1）计划值下发采用扩展类型的报文，功能类型为 <137>。

（2）每条计划值由 289 点组成，第一点作为曲线的地址号。每个计划值报文只需要带一个时标，时标的有效位是年、月、日，其他位可以置零。

（3）如果计划值在一帧通信报文中传输不完，可以分帧传输。每一帧的镜像报文应连续不允许被打断，但两帧中间可以被高优先级数据打断。

（4）每次下发计划值时，都必须发送实际计划值的第 1 点和第 288 点。

IEC 60870-5-104 规约计划值曲线描述如图 12-25 所示。

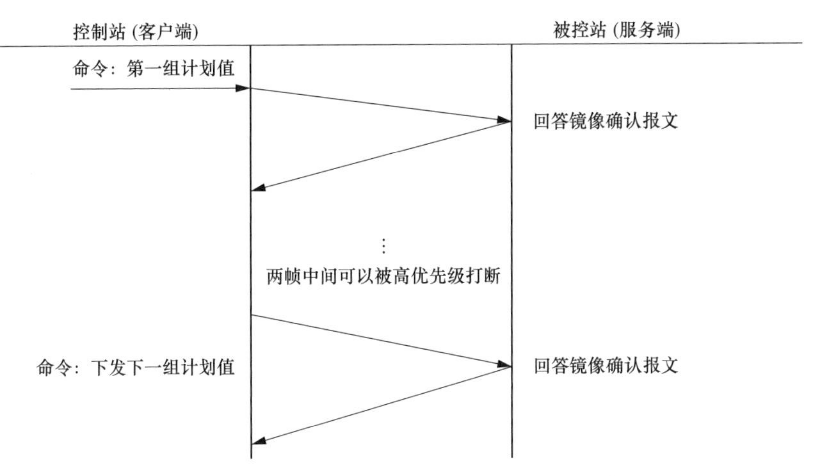

图 12-25 IEC 60870-5-104 规约计划值曲线描述

12.8.5 参数及规定

1. 连接超时参数

IEC 60870-5-104 规约连接超时参数如表 12-18 所示。

表 12-18 IEC 60870-5-104 规约连接超时参数 s

参数	默认值	推荐值	备注
t_0	10	30	连接建立的超时
t_1	12	15	发送或测试 APDU 的超时
t_2	5	10	无数据报文 $t_2<t_1$ 时确认的超时
t_3	15	20	长期空闲 $t_3>t_1$ 状态下发送测试帧的超时
t_4	8	8	应用报文确认超时

2. 用户数据优先级

对于同时到达的数据分出一个优先顺序。用户数据优先级如表 12-19 所示。

表 12-19 用户数据优先级

数据优先权级别	数据信息的类型	优先级别
1	初始化结束	最高级
2	总召唤的应答数据（初始化）	
3	遥控命令的应答报文	最低级
4	事件顺序记录（TCOS）	
5	总召唤的应答数据（非初始化）	
6	故障事件	
7	时钟同步的应答报文	

续表

数据优先权级别	数据信息的类型	优先级别
8	变化遥测	最低级
9	复位进程	
10	文件召唤	
11	文件传输	
12	电能量召唤	

3. 信息对象地址分配

IEC 60870-5-104 规约的信息对象地址分配如表 12-20 所示。

表 12-20　　IEC 60870-5-104 规约的信息对象地址分配

对象名称	十六进制地址（HEX）	信息量个数
遥信信息	1~1000H	4096
保护信息	1001H~4000H	12288
遥测信息	4001H~5000H	4096
遥测参数	5001H~6000H	4096
控制量信息	6001H~6200H	512
AGC 调节	6201H~6400H	512
电度量	6401H~6600H	512
变压器分接头位置	6601H~6700H	512
计划曲线值	6701H~7700H	4096

如果信息量超过上述范围，可以重新编址，但每种信息量的地址必须连续。

13 华能储能 EMS 介绍

13.1 组态工具

13.1.1 概述

组态软件是图表编辑工具，是人机界面里绚丽多彩的图形图表的幕后英雄。可以使你轻轻松松地绘制出种种电力系统所用图形图表（诸如接线图、棒图、曲线图、综合图）和各种精彩的三维图形（球体、圆柱、圆锥、立方体）及应用场景。

下面以华能储能 EMS 自带的组态工具为例，详细介绍以下组态工具的技术要求及功能。

组态工具的核心特点是采用 OpenGL 三维图形国际标准，保障了图形逼真的渲染效果、强大的动画效果，并充分地体现矢量化等。

工具特点如下：

（1）采用 OpenGL 技术。克服了字体显示、视窗映射等技术难题，充分发挥了 OpenGL 的强大功能。

1）硬件无关性。软件图形可以在各种类型的计算机的 Window2000 系统下显示。

2）丰富的颜色。最多可支持 16M 颜色，同时提供多种颜色变换。

3）真实的立体效果。上百种材质和自由的光线设定使立体图形呈现出逼真的显示效果。

4）纹理映射。将图形纹理贴在物体表面，使图形更加生动自然、更加绚丽多彩。

5）各种变换。图元、光线可以自由旋转，实现了图形的无级缩放。

（2）图形由最基本的元素——图元组成，每个图元都是一个独立的对象，每一个对象都有一个对应的属性表，如颜色、坐标、长度、宽度、线度、背景颜色等。用户可方便地改变对象的位置、大小、颜色等属性，并提供多图元属性修改的功能。图元有以下几种类型：

1）基本图元。如点、线、圆、矩形、多边形、字符。

2）立体图元。如球体、圆柱、立方体。

3）电力专用图元。如潮流线、棒图、曲线、遥测、开关、隔离开关、电容、电感等。

（3）强大的动画功能。用标准的 C、JavaScript 语言实现对图元的控制，实现动画。通过动画文件访问图元的近百种属性和近百种方法，几乎可以控制图元的所有属性，结合 C、JavaScript 的函数，可以实现以下动画：

1）位置移动；

2）色彩变换；

3）文本、图像变化；

4）旋转图元、旋转光线；

5）材质、光线变换；

6）显示、隐藏；

7）线型、填充变换；

8）变形，如大→小，圆柱→圆锥，…，可以变化提供图元的所有属性。发挥你的聪明才智，可以做出精彩的动画效果。

（4）支持事件功能。用C、JavaScript语言实现事件。

1）鼠标点击事件；

2）遥测越限事件；

3）遥信变位事件。

（5）图形分层显示，可以叠加图层，隐藏图层。

（6）图符库可以建立自己的图元。

（7）图像文件的支持：可以支持BMP/GIF/JPEG等多种图形文件类型，支持图像透明显示。如果用动画的gif文件用作纹理贴图，会产生动画贴图。

（8）多种编辑操作可放大、缩小、反转、对齐、等距排列、等大、多边形增加、删除顶点、拷贝、粘贴、删除等，作图方便快捷。

（9）提供图元属性列表，可以同步查看、修改图元属性，不必使用对话框，使操作流畅，直观。

（10）提供30步操作的UDNDO、REDO。

（11）任何图元都可以连接数据库，取得实时量信息显示、动画等操作。

13.1.2 说明

（1）一幅图的最基本的单元是图元。图元可以关联实时数据（遥测、遥信），也可以关联动画。动画文件用C、JavaScript编写。

（2）若干图元可以组成图符。

（3）菜单与工具条。因为主画面中的菜单与工具条是相对应的，所以在下面的描述中只介绍工具条的功能，并指出对应的菜单项。

1）文件工具条；

2）编辑工具条；

3）视窗工具条；

4）图符制作工具条；

5）图元工具条；

6）图元对齐，调整工具条；

7）图元属性区域；

8）颜色、图案及脚本区域；

9）脚本调试工具条；

10）状态条。

13.1.3 图元

1. 图元简介

图元是图形最基本的元素。

（1）图元按照下面的顺序显示：

1）图层高的图元在上面。

2）图层相同的图元按照顺序显示，后面的图元在上面。

3）可以用图元对齐，调整工具条中的图元改变图元的顺序。

（2）图元共有以下类型：

1）一般图元：直线、折线、Bezier 曲线、矩形、圆、多边形、圆盘、文本、网格、图片、按钮、刻度尺。

2）立体图元：球、圆柱、立方体。

3）电力图元：遥信、遥测、遥测棒图、遥测曲线、电力符号。

2. 绘制图元

从图元工具条选择要画的图元，一般图元在绘图区域按下鼠标左键，拖动鼠标，然后释放鼠标左键，就会生成相应的图元。如果要绘制多边形或 Bezier 曲线，点击鼠标左键增加一个顶点，双击左键结束，生成相应的图元。

在生成图元拖动鼠标的过程中，会显示图形的轮廓。在绘制线条过程中，当线条接近水平或垂直时，会自动变为水平或垂直。在绘制矩形或圆时，按下 Shift 键，矩形的长和宽相等（圆为正圆）。

3. 编辑图元

（1）选择。

1）单个选择。

a. 在缺省状态下，在图元的位置点击鼠标左键，可以选择图元。

b. 如果多个图元的位置重叠，点击鼠标选择最上面的图元。选择一个图元后，保存鼠标点击的位置，按 Tab 可以循环选择包括此位置的图元。

c. 如果已经选择一个较大图元后，双击鼠标左键可以选择选中图元范围内的其他图元。

2）多个选择。在缺省状态下，拖动鼠标形成矩形，可以选择矩形范围内的所有图元（只要图元的中心在此范围内就可以）。

3）增加、减少选择。在缺省状态下，按下 Shift 键，在图元的位置点击鼠标左键，可以增加或减少选择此图元。

（2）移动。

1）鼠标移动：选择图元后，鼠标在选择图元位置，鼠标形状为移动，按下鼠标拖动，可以移动选中的图元。

2）键盘移动：选择图元后，用上、下、左、右键可以移动选中的图元；按下 Shift 键，用上、下、左、右键可以快速移动选中的图元。

（3）改变图元大小、形状。

1）选择单个图元后，鼠标在选择图元的边缘位置，按下鼠标拖动，可以改变选中的图元的大小。对于直线，可以用鼠标拖动顶点，改变图元大小、形状。

2）对于折线、多边形、Bezier 曲线，可以用鼠标拖动顶点，改变图元大小、形状，如果相邻两个顶点的位置重叠，会减少一个顶点。如果鼠标按下的位置在折线、多边形、Bezier 曲线的轮廓线上，会增加一个顶点。

3）在改变矩形、圆的大小时，按下 Shift 键，会变为正方形或正圆。

4）选择图元后，按下 Ctrl 键，用上、下、左、右键可以改变选中图圆的大小。上，图元的高减 1；下，图元的高加 1；左，图元的宽减 1；右，图元的高加 1。

（4）删除图元。选择图元后，用 Del 键可以删除图元。

（5）复制图元。选择图元后，用 Ctrl+c 键可以将选中图元复制到程序的剪贴板（注意：不是系统的剪贴板，只在组态工具中使用，以下关于剪贴板都是此概念）。

（6）剪切图元。选择图元后，用 Ctrl+x 键可以将剪切选中图元；或者使用编辑工具条中的剪切按钮。

（7）粘贴图元。用 Ctrl+v 键可以将剪贴板的图元粘贴到当前图形；或者使用编辑工具条中的粘贴按钮。

4. 图元属性

选择图元后，在组态工具画面的右侧的属性栏显示选中图元的属性。如果选中多个图元，显示第一个图元的属性。在选中多个图元的情况下，如果所有的图元的类型都一样，则可以编辑所有属性；否则，只能编辑公共属性。

（1）公共属性。

图元所有公共属性如表 13-1 所示。

表 13-1　图元所有公共属性

属性	值类型	解释
图元 ID	整数	图元的标识。在一幅图中，每个图元的 ID 是不同的。在图元生成时，图元的 ID 就生成了，并且不会改变
图元类型	文本	指明图元的类型（如直线、矩形、圆、…）。图元的类型是不能改变的
图元名称	文本	图元的标识。在一幅图中，每个图元的名称是不同的。在图元生成时，按照类型——图元 ID 的格式生成图元的名称。可以修改图元的名称
图层	整数，0~9	图层越高，显示时越在上方

续表

属性	值类型	解释
可视	0，1	0—隐藏图元；1—显示图元
背景色	整数	背景颜色，用 RGB 方式表示的整数
背景风格	整数	参见背景风格
填充图案	整数	当背景风格为图案填充或反图案填充时，用填充图案填充图元 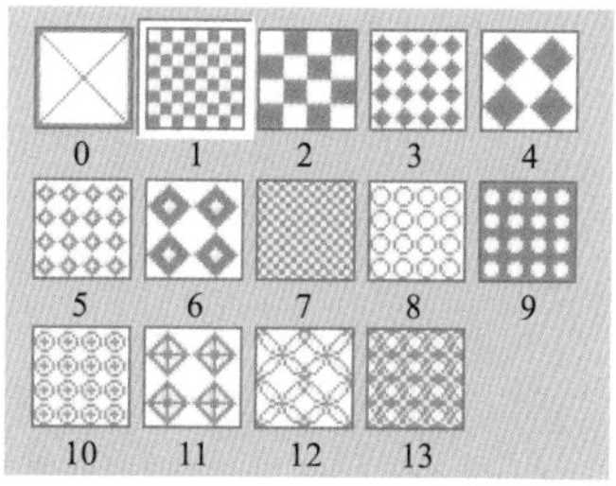 0 1 2 3 4 5 6 7 8 9 10 11 12 13
重复次数	整数，1~32	填充背景时，背景风格 >3 时，填充重复的次数为 n。即将填充区域在水平、垂直方向分为 n 部分 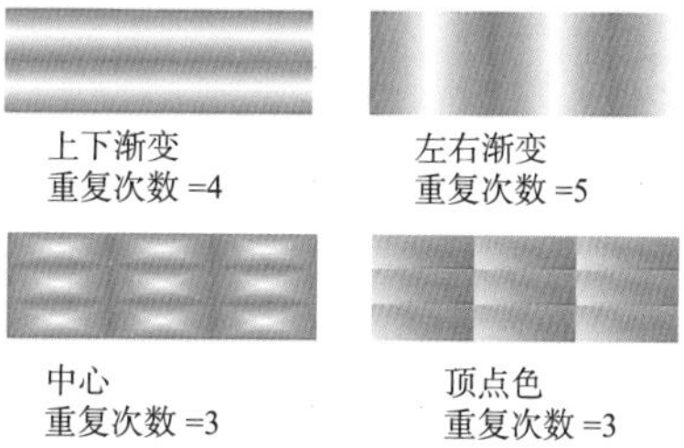 上下渐变 重复次数 =4 左右渐变 重复次数 =5 中心 重复次数 =3 顶点色 重复次数 =3
边框线色	整数	边框颜色或线的颜色，用 RGB 方式表示的整数
线宽度	整数	边框或线的宽度
线风格	整数	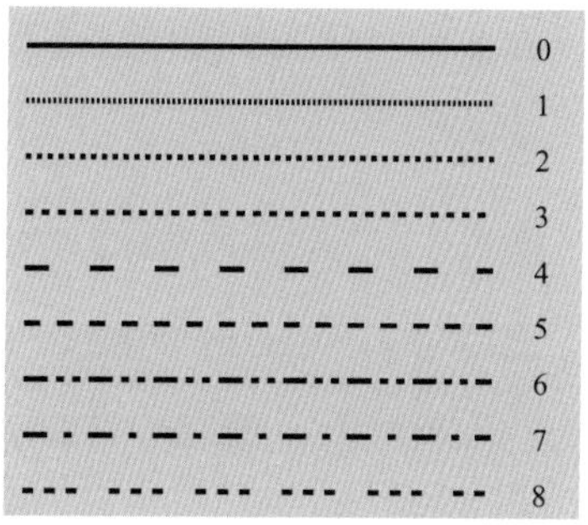 0 1 2 3 4 5 6 7 8
旋转角度	整数，0~360	图元的旋转角度
顶点颜色	整数	用 RGB 方式表示的整数。当填充类型或边框风格需要颜色渐变或顶点色时，用到顶点颜色。当编写动画文件时，对于直线、折线、每个顶点对应于一个矩形，有四个顶点色，填充类型为渐变时，用到的是第一个顶点和第四个顶点的颜色（属性栏表示第一顶点色和第二顶点色）

（2）背景风格。

图元所有背景风格如表 13-2 所示。

表 13-2 图元所有背景风格

选择	值	例子
无背景	0	无背景 单色背景 图案填充 反图案填充 左右渐变 上下渐变 左上、右下渐变 左下、右上渐变 中 心 顶点色
单色背景，背景为单一的背景色	1	
图案填充	2	
反图案填充	3	
左右渐变	4	
上下渐变	5	
左上、右下渐变	6	
左下、右上渐变	7	
中心，从中心向四周渐变	8	
顶点色	9	

（3）OpenGL 属性。

对于立体图形（球体、圆柱、立方体）用到的 OpenGL 属性如表 13-3 所示。

表 13-3 OpenGL 属性

属性	值类型	解释
显示类型	0，1，2	0—立体图形用面表示；1—立体图形用线表示；2—立体图形用点表示
细分	整数	组成球体或圆柱体圆面的平面数。细分数越大，球面或圆柱面越光滑
材质	整数	参见材质（见图 13-1）
环境光	整数	环境光颜色，用 RGB 方式表示的整数
散射光	整数	散射光颜色，用 RGB 方式表示的整数
反射光	整数	反射光颜色，用 RGB 方式表示的整数
光线 x 轴旋转	整数，0~360	光线绕 x 轴旋转的角度
光线 y 轴旋转	整数，0~360	光线绕 y 轴旋转的角度
光线 z 轴旋转	整数，0~360	光线绕 z 轴旋转的角度
x 轴旋转	整数，0~360	图元绕 x 轴旋转的角度
y 轴旋转	整数，0~360	图元绕 y 轴旋转的角度

续表

属性	值类型	解释
z 轴旋转	整数，0~360	图元绕 *z* 轴旋转的角度
纹理	0，1	立体图元表面是否有纹理贴图
位图文件名	字符串	立体图元表面有纹理贴图时，对应的位图名称
纹理有光线	0，1	立体图元表面有纹理贴图时，贴图是否有光线效果

（4）材质。图元所有材质属性如图 13-1 所示。

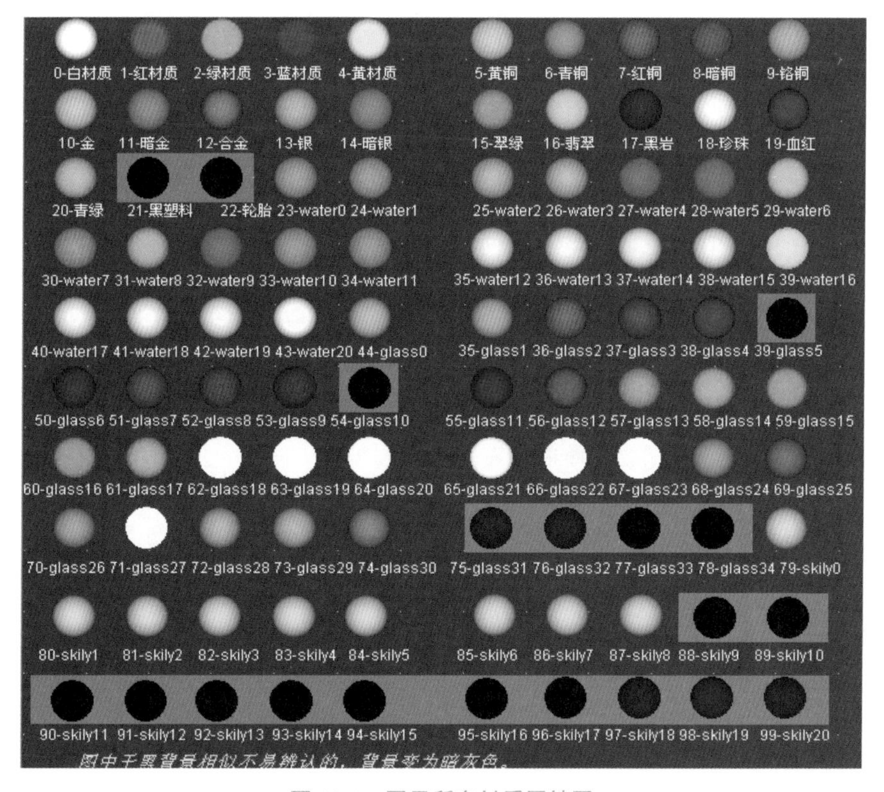

图 13-1　图元所有材质属性图

（5）特有属性。

1）直线。直线特有属性如表 13-4 所示。

表 13-4 直线特有属性

属性	值类型	解释
线端 1	0~3	顶点 1 的类型：0—无，1—圆，2—方块，3—箭头
线端 2	0~3	顶点 2 的类型：0—无，1—圆，2—方块，3—箭头
潮流线	0，1	如果是潮流线，当直线关联数据库参数后，如果参数值 >0，潮流线从顶点 1 向顶点 2 流动；如果参数值 <0，潮流线从顶点 2 向顶点 1 流动；如果参数值 =0，不会显示潮流线

2）折线。折线特有属性如表 13-5 所示。

表 13-5 折线特有属性

属性	值类型	解释
线端 1	0~3	第一个顶点的类型：0—无，1—圆，2—方块，3—箭头
线端 2	0~3	最后一个顶点的类型：0—无，1—圆，2—方块，3—箭头
潮流线	0，1	如果是潮流线，当直线关联数据库参数后，如果参数值 >0，潮流线从第一个顶点向最后一个顶点流动；如果参数值 <0，潮流线从最后一个顶点向第一个顶点流动；如果参数值 =0，不会显示潮流线

折线在选中状态，会显示其顶点，用圆圈表示。当前顶点用实心圆圈表示。当前顶点的颜色可以在属性栏修改。当鼠标的位置在顶点上，鼠标呈手形状，此时按下左键拖动鼠标可以移动此顶点；当相邻的两个顶点位置重合时，会减少一个顶点。当鼠标的位置在相邻顶点之间的线上时，鼠标呈“+”形状，此时可以按下左键拖动鼠标可以增加一个顶点（第一个顶点和最后一个顶点之间不能增加顶点）。

3）Bezier 曲线。Bezier 曲线特有属性如表 13-6 所示。

表 13-6 Bezier 曲线特有属性

属性	值类型	解释
显示类型	0~3	0—Bezier 曲线由点组成； 1—Bezier 曲线； 2—Bezier 曲面； 3—镂空
控制点数	>=3，<=20	控制一条 Bezier 曲线的点数。有的显卡控制点数最大为 8。如果 Bezier 曲线总点数为 x，控制点数 $=n$，那么，此图元由 x/n 条 Bezier 曲线组成。第 1，2，…，n 点确定第一条曲线，第 n，$n+1$，$2\times n-1$ 点确定第二条曲线，…
细分	整数	组成一条 Bezier 曲线的点数。细分数越大，Bezier 曲线越光滑

Bezier 曲线在选中状态，会显示其顶点，用圆圈表示。当前顶点用实心圆圈表示。当前顶点的颜色可以在属性栏修改。当鼠标的位置在顶点上，鼠标呈手形状，此时按下左键拖动鼠标可以移动此顶点；当相邻的两个顶点位置重合时，会减少一个顶点。当鼠标的位置在相邻顶点之间的线上时，鼠标呈“+”形状，此时按下左键拖动鼠标可以增加一个顶点（第一个顶点和最后一个顶点之间不能增加顶点）。

4）矩形。矩形特有属性如表 13-7 所示。

表 13-7 矩形特有属性

属性	值类型	解释
圆角宽度	整数	矩形圆角 x 方向宽度
圆角高度	整数	矩形圆角 y 方向高度

5）椭圆。椭圆特有属性如表 13-8 所示。

表 13-8 椭圆特有属性

属性	值类型	解释
起始角度	0~360	圆的起始角度
跨越角度	0~360	圆的跨越角度

在生成椭圆或改变椭圆大小时，按住 Shift 键会使椭圆变为正圆。

6）多边形。多边形在选中状态，会显示其顶点，用圆圈表示。当前顶点用实心圆圈表示。当前顶点的颜色可以在属性栏修改。当鼠标的位置在顶点上，鼠标呈手形状，此时按下左键拖动鼠标可以移动此顶点；当相邻的两个顶点位置重合时，会减少一个顶点。当鼠标的位置在相邻顶点之间的线上时，鼠标呈“+”形状，此时可以按下左键拖动鼠标可以增加一个顶点（第一个顶点和最后一个顶点之间不能增加顶点）。多边形只支持凸多边形，凹多边形显示不正确。

7）圆盘。圆盘特有属性如表 13-9 所示。

表 13-9 圆盘特有属性

属性	值类型	解释
扇形数	整数，1~18	组成圆盘的扇形数
短内径	整数	圆盘内部的孔的较短的直径
扇形 n 色	整数	第 n 个扇形的颜色，用 RGB 表示的整数
隐藏	0，1	第 n 个扇形隐藏或显示

8）文本。文本特有属性如表 13-10 所示。

表 13-10 文本特有属性

属性	值类型	解释
文本色	整数	文本的颜色，用 RGB 表示的整数。在填充文本 = 填充背景时文本的颜色
填充文本	0~3	0—填充背景，用文本色显示文本，文本的背景是用填充风格填充的矩形。 1—填充文本无背景，无背景，用填充风格填充文本。 2—填充文本单色背景，单色背景（背景色），用填充风格填充文本。 3—镂空，文本的背景是用填充风格填充的矩形，文本镂空

续表

属性	值类型	解释
旋转角度	整数，0~360	文本的旋转角度。如果是多行文本，文本不能旋转
字体名称	字符串	文本的字体名称
字体大小	整数	文本的字体的大小
粗体	0，1	文本的字体是否是粗体
斜体	0，1	文本的字体是否是斜体
下划线	0，1	文本的字体是否有下划线
删除线	0，1	文本的字体是否有删除线
立体文本	0~2	0——一般文本。 1—立体凸文本。 2—立体凹文本
文本	字符串	显示的字符串

文本可以支持多行文本。选中文本，双击鼠标右键，弹出文本输入对话框，可以进行文本输入。在输入文本的同时，画面的文本同步改变。如果输入多行文本，文本不能旋转。

9）网格。网格特有属性如表 13-11 所示。

表 13-11　　网格特有属性

属性	值类型	解释
行数	整数	水平线数
列数	整数	垂直线数
顶点 1 色	整数	当边框风格 = 顶点色时，直线线端 1 的颜色
顶点 2 色	整数	当边框风格 = 顶点色时，直线线端 2 的颜色

10）位图。位图特有属性如表 13-12 所示。

表 13-12　　位图特有属性

属性	值类型	解释
位图名称	字符串	对应的位图文件名
缺省大小		位图的大小是否为缺省大小，如果不是，位图大小为图元大小
透明		位图图元是否透明
透明颜色		位图图元透明时透明颜色
重复次数		位图重复的次数，在缺省大小为否时起作用

11）按钮。按钮特有属性如表 13-13 所示。

表 13-13　　按钮特有属性

属性	值类型	解释
按钮或热点	0，1	0—按钮，1—热点

续表

<table>
<tr><th>属性</th><th>值类型</th><th>解释</th></tr>
<tr><td>按钮类型</td><td>0~3</td><td>0—文本，按钮只显示文本。
1—位图，按钮只显示位图。
2—位图（左）+ 文本，同时显示位图和文本，位图在左侧。
3—位图（上）+ 文本，同时显示位图和文本，位图在上方</td></tr>
<tr><td>按钮文本属性</td><td></td><td>文本字符串</td></tr>
<tr><td>位图文件名</td><td>字符串</td><td>按钮对应的位图文件名</td></tr>
<tr><td>透明</td><td>0，1</td><td>按钮对应的位图是否透明</td></tr>
<tr><td>透明色</td><td>整数</td><td>按钮对应的位图透明时的透明色。RGB 表示的整数</td></tr>
<tr><td>按钮动作</td><td></td><td>调图、打开报表、执行程序、控制开出、执行命令</td></tr>
<tr><td>调图文件名</td><td>字符串</td><td><table><tr><td>按钮动作</td><td>调图文件、报表名称</td></tr><tr><td>调图</td><td>对应的图形文件名</td></tr><tr><td>打开报表</td><td>对应的报表文件名</td></tr><tr><td></td><td></td></tr><tr><td></td><td></td></tr></table>运行状态，点击按钮切换到此文件</td></tr>
</table>

12）刻度尺。刻度尺特有属性如表 13-14 所示。

表 13-14　刻度尺特有属性

<table>
<tr><th>属性</th><th>值类型</th><th>解释</th></tr>
<tr><td>显示类型</td><td>0，1</td><td>0—直方形刻度尺，1—弧形刻度尺</td></tr>
<tr><td>标尺方向</td><td>0~3</td><td>直方形刻度尺：
0—标注在左。
1—标注在右。
2—标注在上。
3—标注在下</td></tr>
<tr><td>是否标注</td><td>0~2</td><td>0—无标注。
1—浮点数标注。
2—整数标注</td></tr>
<tr><td>最大值</td><td>浮点数</td><td>刻度尺的最大值</td></tr>
<tr><td>最小值</td><td>浮点数</td><td>刻度尺的最小值</td></tr>
<tr><td>标注直间隔</td><td>浮点数</td><td>两个标注之间的间隔值</td></tr>
<tr><td>最小间隔</td><td>浮点数</td><td>两个刻度之间的间隔值</td></tr>
<tr><td>起始角度</td><td>0~360</td><td>弧形刻度尺的起始角度</td></tr>
<tr><td>跨越角度</td><td>0~360</td><td>弧形刻度尺的跨越角度</td></tr>
<tr><td>刻度长度</td><td>整数</td><td>弧形刻度尺的刻度线的长度</td></tr>
</table>

13）球体。在生成球体或改变球体大小时，按住 Shift 键会使球体变为正球体。

14）圆柱体。圆柱体特有属性如表 13-15 所示。

表 13-15　圆柱体特有属性

属性	值类型	解释
高度	整数	圆柱的高度
顶、底百分比	0~100	圆柱顶端直径与底端直径的百分比。 =100，圆柱体。 =0，圆柱体变为圆锥体

15）立方体。立方体特有属性如表 13-16 所示。

表 13-16　立方体特有属性

属性	值类型	解释
深度	整数	圆柱体的高度
显示类型		0—平面色。 1—顶点色。 2—贴图
平面 *n* 色	整数	显示类型 = 平面色时，每个平面的颜色
顶点 *n* 色	整数	显示类型 = 顶点色时，每个顶点的颜色
贴图文件名	字符串	显示类型 = 贴图时，对应的贴图文件名

16）遥信量。遥信量特有属性如表 13-17 所示。

表 13-17　遥信量特有属性

属性	值类型	解释
显示类型		0—开关。 1—横向隔离开关。 2—纵向隔离开关。 3—字符串，遥信用两个字符串表示。字符串属性参阅文本。 4—自定义图符，遥信用两个图符表示。参阅图符
缺省颜色	0，1	是否使用缺省颜色。如果使用缺省颜色，遥信量 =1，用红色表示；遥信量 =0，用绿色表示
闭合颜色	整数	不使用缺省颜色时，遥信量 =1 时对应的颜色。RGB 表示的整数
断开颜色	整数	不使用缺省颜色时，遥信量 =0 时对应的颜色。RGB 表示的整数
闭合字符串	字符串	显示类型 = 字符串时，遥信量 =1 时对应的字符串
断开字符串	字符串	显示类型 = 字符串时，遥信量 =0 时对应的字符串
闭合图符名	字符串	显示类型 = 自定义图符时，遥信量 =1 时对应的图符的名称
断开图符名	字符串	显示类型 = 自定义图符时，遥信量 =0 时对应的图符的名称

遥信量连接数据库时，遥信的值及遥信状态都是对应于第一个参数。换言之，遥信只对应一个参数。

17）遥测量。遥测量特有属性如表 13-18 所示。

表 13-18 遥测量特有属性

属性	值类型	解释
显示类型		有“+”，遥测量 >0 时遥测量前面有“+”。 无“+”，遥测量 >0 时遥测量前面无“+”
字符串属性		文本字符串

遥测量在对应于正常值、越上限、越下限时的颜色、背景、字体是否有下划线、是否斜体都可以单独设置。

18）曲线图。曲线图特有属性如表 13-19 所示。

表 13-19 曲线图特有属性

属性	值类型	解释
选择曲线		本身属性—属性列表显示曲线图本身的属性。 曲线 n 的属性—属性列表显示第 n 条曲线的属性
采样率		每小时采样的点数。程序会自动监测模拟量的实际采样率。因此此项不用设置
有标注		曲线是否有标注
单位名称	字符串	显示曲线的单位，如 A、kV、kW 等
最大值	浮点数	曲线图的最大值
最小值	浮点数	曲线图的最小值
上限制	浮点数	曲线图的上限值
下限制	浮点数	曲线图的下限值
限线颜色		曲线图上限下限的颜色
画限线		是否画曲线图上限下限
画横格线		是否画曲线图的横隔线
画竖格线		是否画曲线图的竖隔线。竖隔线的数目 =24，0~24 点
横隔线数	整数	横隔线的数目
曲线属性		
曲线有效		是否显示曲线
曲线颜色		曲线颜色

续表

属性	值类型	解释
预报曲线有效		是否显示预报曲线。如果模拟量没有预报曲线，此项不起作用
预报曲线颜色		预报曲线颜色
昨日曲线有效		是否显示昨日曲线
昨日曲线颜色		昨日曲线颜色

曲线图上方右侧的 12 个方块，分别代表曲线 1、2、3、4 的曲线颜色，预报曲线颜色，昨日曲线颜色。

19）棒图。棒图特有属性如表 13-20 所示。

表 13-20　　棒图特有属性

属性	值类型	解释
棒属性		本身属性—属性列表显示棒图本身的属性。 所有棒属性—属性列表显示所有棒的属性。此种方式，改变属性会修改所有棒的属性。 第 n 棒的属性—属性列表显示第 n 棒的属性。此种方式，改变属性只修改第 n 棒的属性。 当选择所有棒属性或第 n 棒属性时，如果棒图的显示类型是圆柱，属性列表显示圆柱的属性，如果棒图的显示类型是矩形，属性列表显示矩形的属性，如果棒图的显示类型是立方体，属性列表显示立方体的属性
显示类型		0—圆柱。 1—矩形。 2—立方体
有标注		棒图是否有标注
棒个数	整数	棒图中棒的个数
自动调整位置	0，1	如果是，根据棒图的大小和棒的个数自动调整棒的宽度和棒与棒之间的间隔；如果不是，根据棒宽与间隔确定棒的宽度和棒与棒之间的间隔
棒宽	整数	自动调整宽度 = 否时，棒的宽度
间隔	整数	自动调整宽度 = 否时，棒与棒之间的间隔
单位名称	字符串	显示棒图的单位，如 A、kV、kW 等
最大值	浮点数	棒图的最大值
最小值	浮点数	棒图的最小值

棒图中每一个棒的旋转角度、光线旋转角度都是一样的。视窗工具条的 ↻ 可以旋转棒图中的棒，↻ 旋转棒图的光线。

20）电力图元。电力图元分为以下几种，其中变压器特有属性如表 13-21 所示。

a. 变压器；

b. 接地符；

c. 交流符；
d. 电抗；
e. 电容；
f. 电感；
g. 避雷器；
h. 发电机。

表 13-21 变压器特有属性

属性	值类型	解释
变压器类型		三圈变压器，两圈变压器
方向		变压器的方向，上、下、左、右
圈 n 颜色		变压器第 n 圈颜色
圈 n 中心		变压器第 n 圈中心类型，三角形、星形、空心

13.1.4 数据库连接属性

所有的图元都可以连接数据库参数。一个图元最多可以关联 32 个数据库参数。数据库连接界面如图 13-2 所示。

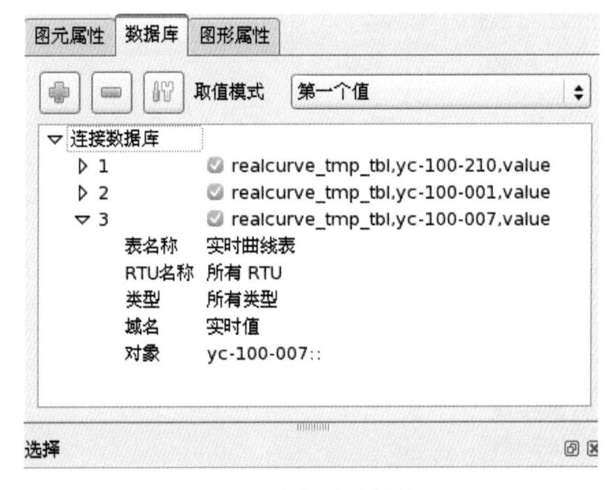

图 13-2 数据库连接界面

（1）选择连接库个数（最多 32）。

取值方式：

1）第一个值：第一个参数有效。

2）最大值：所有参数中的最大值。

3）最小值：所有参数中的最小值。

4）求和：所有参数中的和。

5）平均值：所有参数的平均值。

注意：对于遥信量，无论如何选择，都是取第一个值。

（2）展开各个分支进行相应选择。按照下面顺序选择：

1）服务器：SCADA 服务器，没有别的选项。

2）表名称：数据库中的表名，如开关表、隔离开关表、遥测表等。

3）厂站：选择对应的厂站。

4）类型：选择参数类型，如电流、电压等。

5）域名：

a. 对应表名称的域名。

b. 如取遥测量的实时值，域名选择“遥测值”。

c. 取开关的实时转台，域名选择“值”。

d. 在选择过程中，数据库参数设置正确与否，用图标标示。

注意：关于数据库属性的操作不能进行 UNDO。

13.1.5　绘图缺省属性

绘制图元时设置的缺省属性，对所有图元有效，本属性表设置较广。图元属性界面如图 13-3 所示。

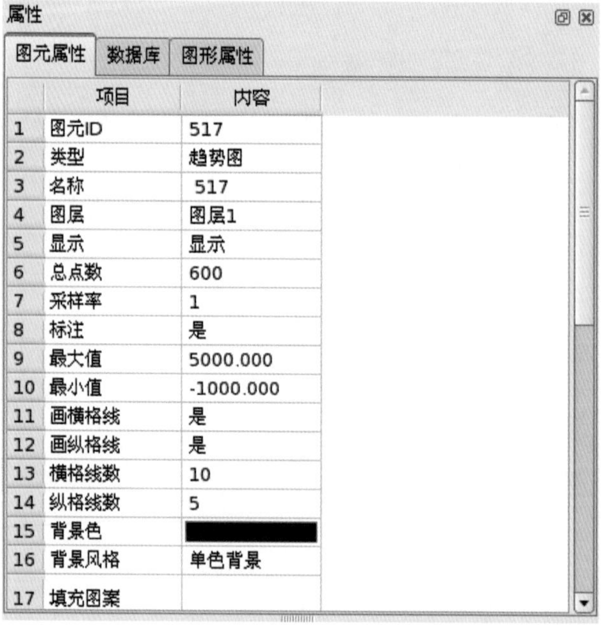

属性

图元属性 | 数据库 | 图形属性

	项目	内容
1	图元ID	517
2	类型	趋势图
3	名称	517
4	图层	图层1
5	显示	显示
6	总点数	600
7	采样率	1
8	标注	是
9	最大值	5000.000
10	最小值	-1000.000
11	画横格线	是
12	画纵格线	是
13	横格线数	10
14	纵格线数	5
15	背景色	
16	背景风格	单色背景
17	填充图案	

图 13-3　图元属性界面

13.1.6　图符与图符库

1. 图符

图符是几个图元的组合体。几个图元组成图符后，就变为一个图元。当图符大小变化时，图符中的各个图元都相应地变化（注意：文本的大小不变）。

只有基本的图元和 OpenGL 图元可以组成图元，关于电力的图元都不能组成图元。

图符也具有背景和边框属性，参阅上述的公共属性部分。

图符也可以分解成几个图元。

（1）图元组成图符：

1）选中图元（必须都是基本的图元和 OpenGL 图元）。

2）图符制作工具条的 将图元组成一个图符。如果所选的图元包括关于电力的图元，会提示操作失败。

（2）图符分解为图元：

1）选中图符（只选中一个图符）。

2）图符制作工具条的 将图符分解为若干图元。

2. 图符库

图符库是图符的集合。图元组成图符后，如果这个图符常用，可以将图符加入图符库。从图符库中可以选择图符，加入当前的图形文件。

将图符加入图符库。

（1）选中图符（只选中一个图符）。

（2）图符制作工具条的 将图符加入图符库。

（3）弹出图符名称输入对话框，输入图符的名称。如果图符的名称在图符库中是唯一的，则图符成功地加入图符库；否则，必须重新输入。

3. 图符库管理器

用图符制作工具条的 打开图符管理器。

（1）将图符加入当前的图形文件。

1）用鼠标双击图符，图符库管理器关闭。

2）在图形上用鼠标拉出一个矩形区域，所选的图符加入当前的图形文件。

（2）修改图符的名称。

1）用鼠标点击图符。

2）文本编辑框中显示选中的图符的名称，可以进行修改。

3）在图形上用鼠标拉出一个矩形区域，所选的图符加入当前的图形文件。

注意：图符的新名称在图符库中必须是唯一的，否则修改图符的名称失败。

（3）删除图符。删除按钮可以从图符库中删除选中的图符。

注意：图符一旦删除不能恢复。

（4）保存图符库。保存对图符库进行的修改。

（5）重载图符库。重新载入图符库。

13.1.7 工具条

工具条如图 13-4 所示。图元对齐及调整工具条，用来对图元本身及相对位置、大小进行调整。

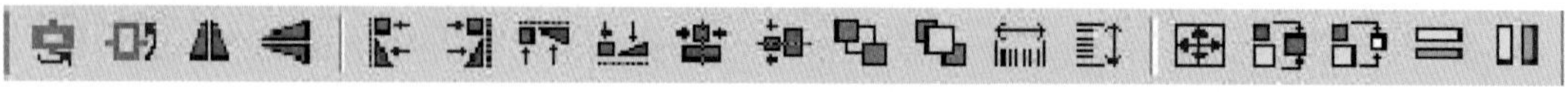

图 13-4　工具条

（1）：水平翻转整个画面。以画面中心竖直线为轴整个画面翻转 180°。

（2）：垂直翻转整个画面。以画面中心水平线为轴整个画面翻转 180°。

（3）：水平翻转选中图形。以选中图形中心水平线为轴选中图形翻转 180°。

（4）：垂直翻转选中图形。以选中图形中心水平线为轴选中图形翻转 180°。

（5）：左端对齐。所有选中图元左端对齐。

（6）：右端对齐。所有选中图元右端对齐。

（7）：上端对齐。所有选中图元上端对齐。

（8）：下端对齐。所有选中图元下端对齐。

（9）：垂直中心对齐。所有选中图元垂直中心对齐。

（10）：水平中心对齐。所有选中图元水平中心对齐。

（11）：图元到最底端。选中的图元在层叠的图元的最底端显示。

（12）：图元到最顶端。选中的图元在层叠的图元的最顶端显示。

（13）：水平等距。所有选中的图元在水平方向等距。

（14）：垂直等距。所有选中的图元在垂直方向等距。

（15）：图元等大。使所有选中的图元大小相等。

（16）：最大等大。使所有选中的图元与其中最大者大小相等。

（17）：最小等大。使所有选中的图元与其中最小者大小相等。

（18）：水平等大。使所有选中的图元在水平方向长度相等。

（19）：垂直等大。使所有选中的图元在垂直方向长度相等。

13.1.8　状态条

状态条用来显示当前视窗操作的一些状态。状态条如图 13-5 所示。

For Help, press F1　选择　X-RATE:1.00　Y-RATE:1.00　X-ALL:207　Y-ALL:270

提示　绘图选择　当前显示比例　鼠标在图中的位置

图 13-5　状态条

13.2　人机界面

人机交互（HMI）是指调度人员与调度员界面进行交互对话的过程，调度人员通过物理输入设备（鼠标或键盘），通过可视化的操作方式，使得调度人员能够很方便地在屏幕上与计算机对话。

人机界面中可显示多种运行数据，可以以数字、图形、图标、状态等多种数据形式展示，也可以展示保护配置、直流系统、电站信息、PCS、BMS、电池簇、单体电池、保护信号、报警信息、天数时长、电压负荷等运行信息。

可根据断路器、开关的实时状态，确定系统中各种电气设备的带电、停电、接地等状态，对接线图等进行网络拓扑着色，并将结果在人机界面上用不同的颜色表示出来。

界面应按照分层设计、主次分明。

13.2.1 项目总览

项目总览展示储能电站的总体概况，包括项目名称、规模、位置、设备统计、运行时间、相关功率曲线、充放电量以及储能站总体运行状态等信息。项目总览界面如图 13-6 所示。

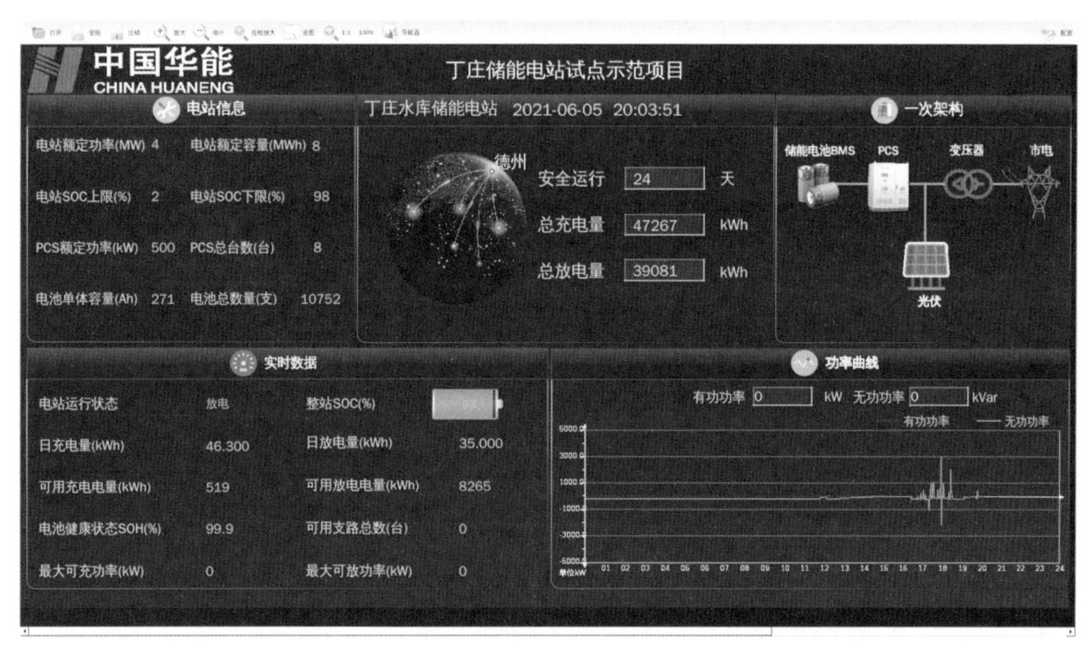

图 13-6 项目总览界面

13.2.2 储能单元总界面

储能单元总界面主要显示 1~4 储能单元及所有 PCS 运行工况信息。储能单元总界面如图 13-7 所示。

图 13-7　储能单元总界面

1. PCS 详细信息界面

点击储能单元主界面的 PCS 运行状态按钮进入 PCS 详细信息界面，如图 13-8 所示。

图 13-8　PCS 详细信息界面

（1）控制模式切换。

1）交流调度：可控制当前 PCS 总功率，PCS 下发至每一支路执行反馈；

2）直流调度：直流调度模式无法调节无功；

3）支路交流调度：直接下控每条支路功率。

PCS 控制模式切换按钮如图 13-9 所示。

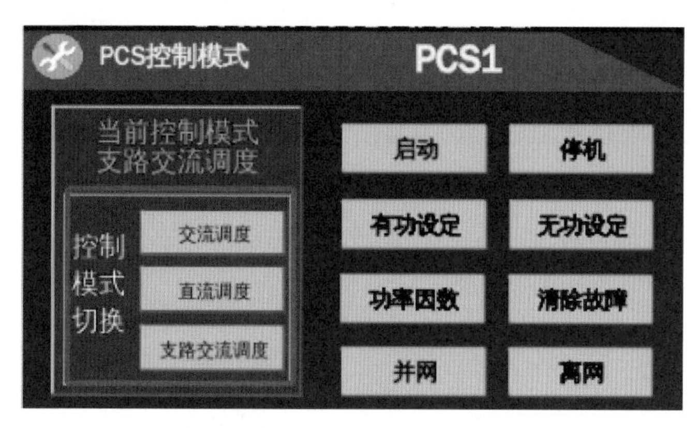

图 13-9 PCS 控制模式切换按钮

（2）单个 PCS 启动与停止。点击 PCS 详细界面的启动与停机按钮进行启动与停机操作（需切换到“交流调度”）。启动 PCS 如图 13-10 所示。

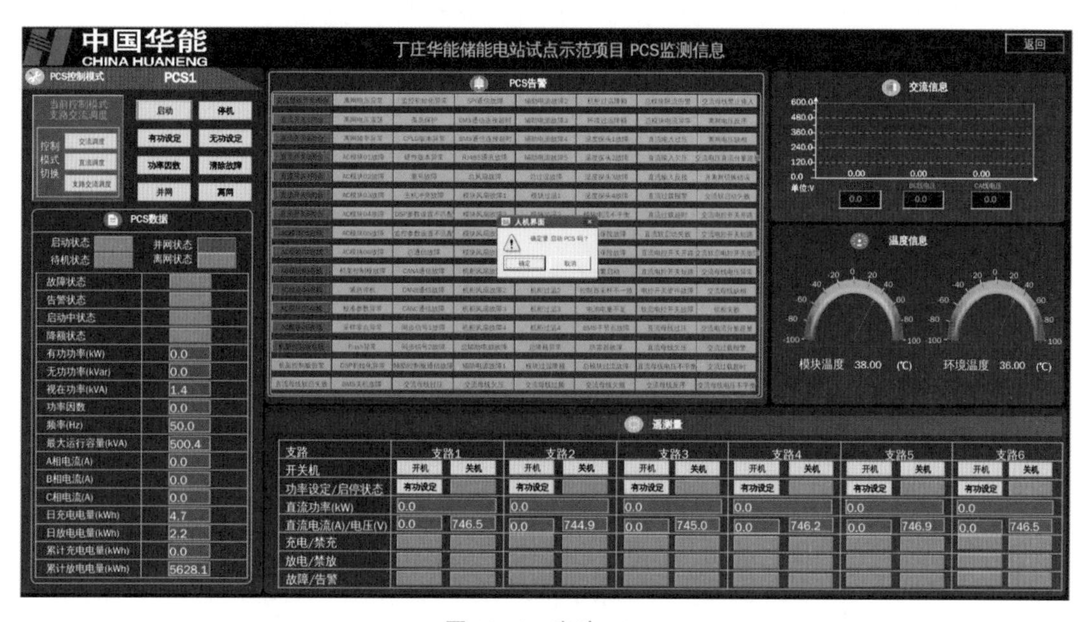

图 13-10 启动 PCS

（3）单个 PCS 功率调节。点击 PCS 详细界面的有功设定与无功设定按钮进行功率调节（需切换到“交流调度”）。PCS 功率调节如图 13-11 所示。

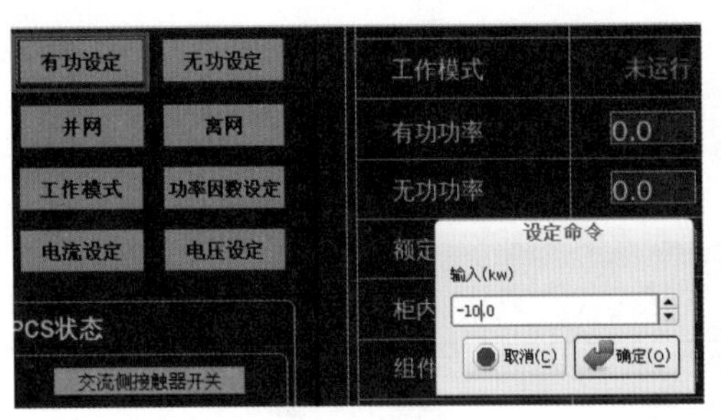

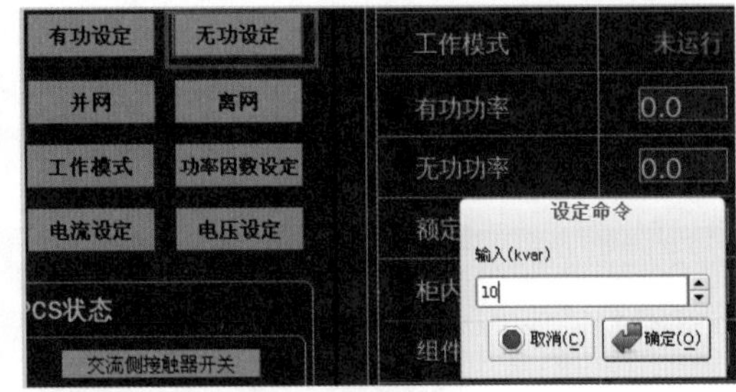

图 13-11　PCS 功率调节

（4）单个支路启动与停止。点击 PCS 详细界面的支路开机与关机按钮进行启动与停机操作（需切换到“支路交流调度”）。单个支路启动与停止如图 13-12 所示。

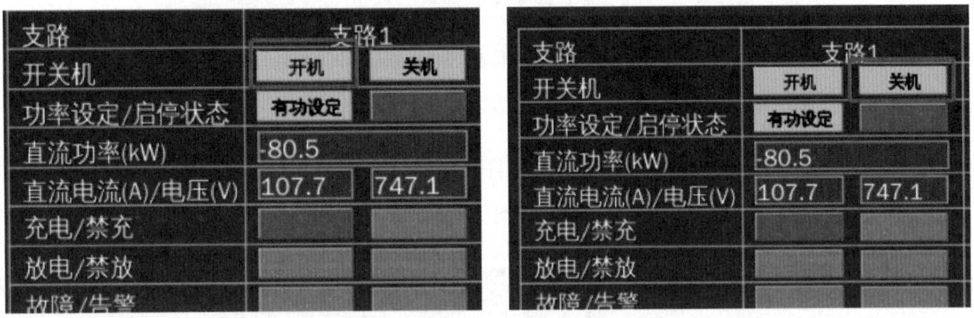

支路	支路1	
开关机	开机	关机
功率设定/启停状态	有功设定	
直流功率(kW)	-80.5	
直流电流(A)/电压(V)	107.7	747.1
充电/禁充		
放电/禁放		
故障/告警		

支路	支路1	
开关机	开机	关机
功率设定/启停状态	有功设定	
直流功率(kW)	-80.5	
直流电流(A)/电压(V)	107.7	747.1
充电/禁充		
放电/禁放		
故障/告警		

图 13-12　单个支路启动与停止

（5）单个支路功率调节。点击 PCS 详细界面的支路有功设定按钮进行功率调节（需切换到“支路交流调度”）。单个支路功率调节如图 13-13 所示。

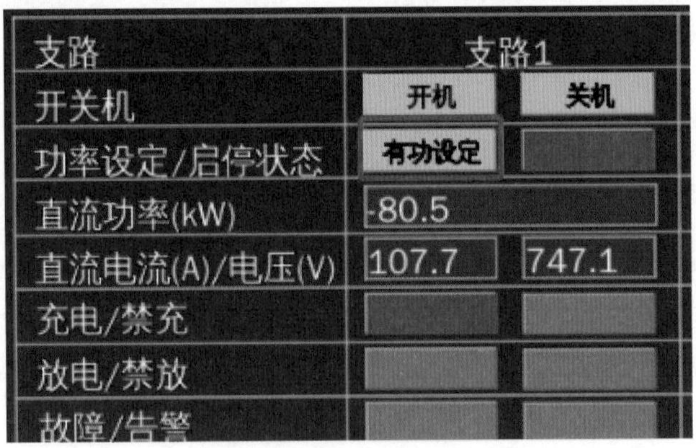

支路	支路1	
开关机	开机	关机
功率设定/启停状态	有功设定	
直流功率(kW)	-80.5	
直流电流(A)/电压(V)	107.7	747.1
充电/禁充		
放电/禁放		
故障/告警		

图 13-13　单个支路功率调节

2. BMS 主界面

BMS 主界面主要显示 1~12 储能单元所有 BMS 电池运行工况信息。点击相应电池图标按钮会进入详细电池簇信息界面。BMS 主界面如图 13-14 所示。

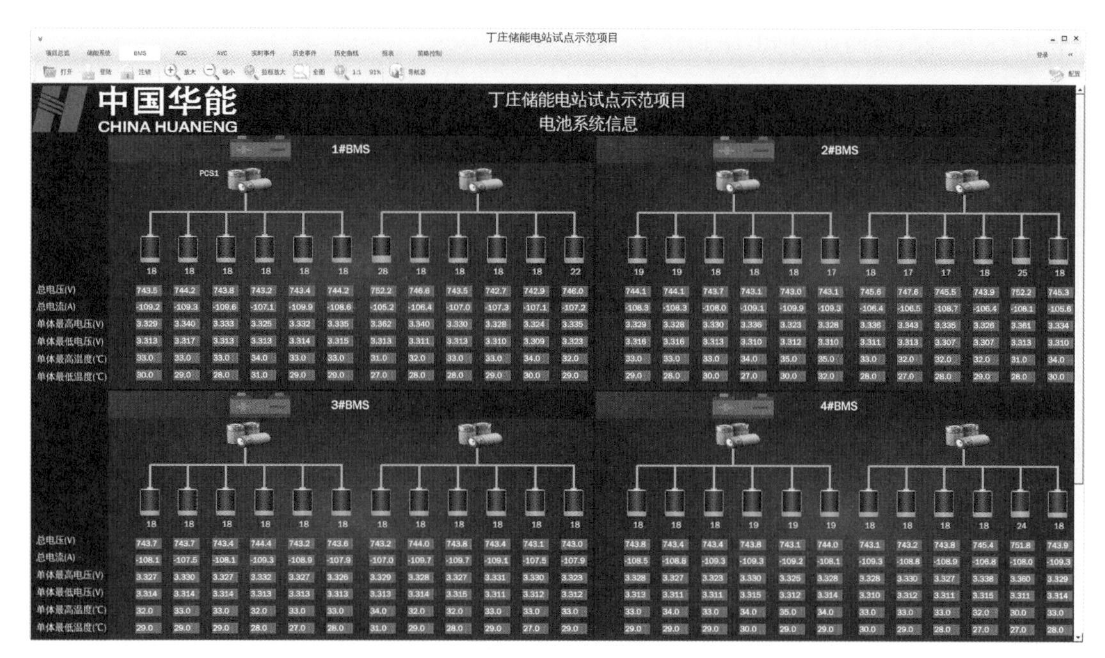

图 13-14　BMS 主界面

3. BMS 单体界面

点击 BMS 电池簇界面的电池簇图标按钮 电池簇1 进入 BMS 单体信息界面。BMS 单体界面如图 13-15 所示。

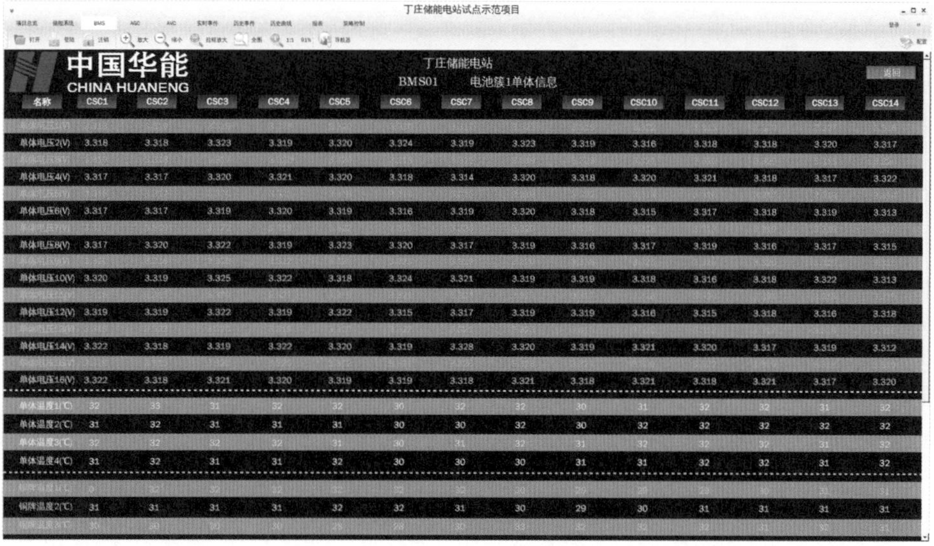

图 13-15　BMS 单体界面

13.2.3　PCS 主控制界面

PCS 主控制界面主要进行整站 PCS 启停控制、储能单元启停控制、单个 PCS 启停控

制。PCS 主控制界面如图 13-16 所示。

图 13-16　PCS 主控制界面

13.2.4　AGC 界面

AGC 界面主要显示 AGC 投入状态，以及调度有功及整站实时有功数据。AGC 界面如图 13-17 所示。

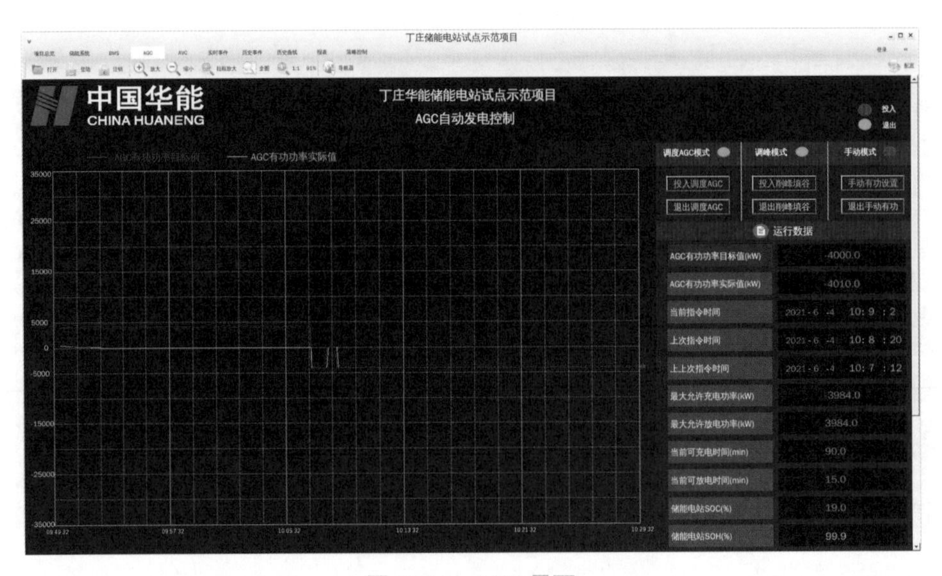

图 13-17　AGC 界面

1. AGC 投入与退出状态显示

AGC 投入与退出状态显示如图 13-18 所示。

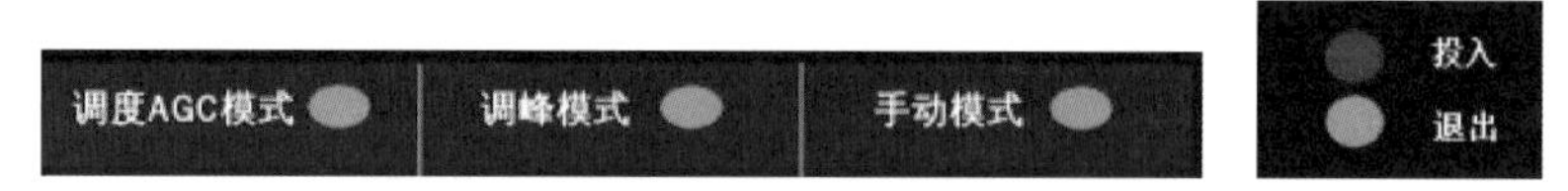

图 13-18　AGC 投入与退出状态显示

注：代表储能电站 AGC 三种运行模式的运行状态，红色代表投入，绿色代表退出。

2. AGC 投入与退出

（1）调峰模式。

1）调峰 AGC 投入：点击 AGC 界面的 投入削峰填谷模式 按钮，点击确定即可。

2）调峰 AGC 退出：点击 AGC 界面的 退出削峰填谷模式 按钮，点击确定即可。

（2）调度 AGC 模式。

1）调度 AGC 投入：点击 AGC 界面的 投入调度AGC模式 按钮，点击确定即可。

2）调度 AGC 退出：点击 AGC 界面的 退出调度AGC模式 按钮，点击确定即可。

（3）手动模式。

1）手动 AGC 投入：点击 AGC 界面的 手动有功设置 按钮，设置有功功率值，点击确定即可。

2）手动 AGC 退出：点击 AGC 界面的 退出手动有功 按钮，点击确定即可。

13.2.5　一次接线图

在人机界面上组态监视发电、储能、配电变压器、母线、隔离开关工作状态和重要运行信息。支持动态拓扑分析和着色，可根据断路器、隔离开关的实时状态，确定系统中各种电气设备的带电、停电、接地等状态，并将结果在人机界面上用不同的颜色表示出来。为运行人员提供直观的设备运行状态信息，如图 13-19 所示。

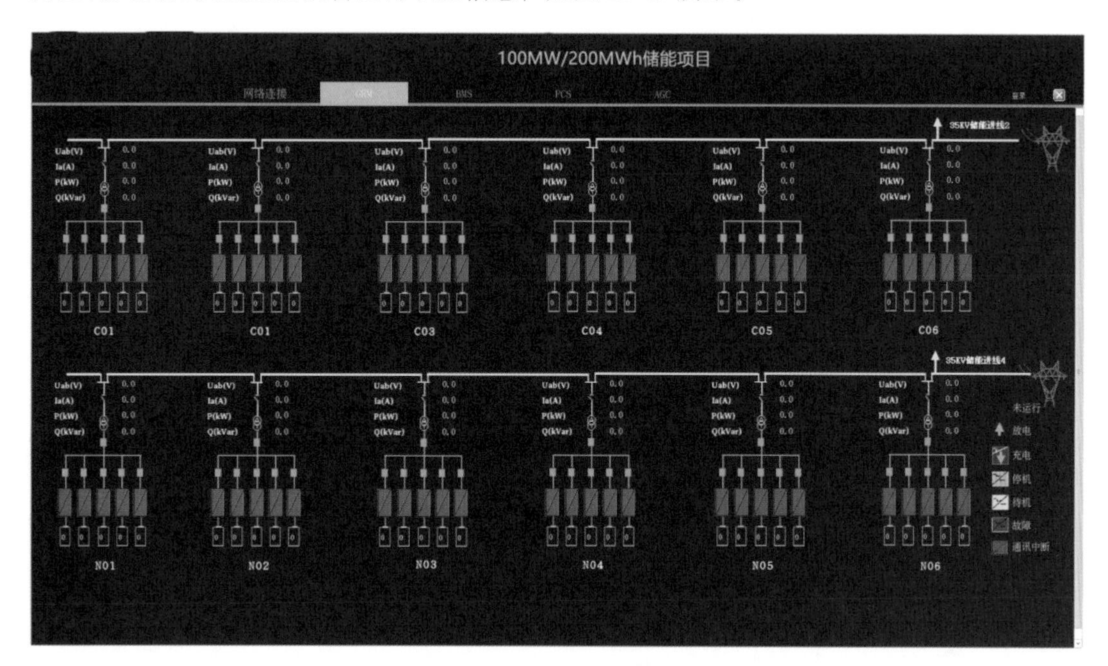

图 13-19　一次接线图

13.2.6 其他界面

1. 曲线图

首先需要点击左边栏遥测，选择需要的遥测数据，可以实现不同条曲线在一个界面显示（工具栏上可以选择曲线数）。整站实时有功功率曲线如图 13-20 所示。

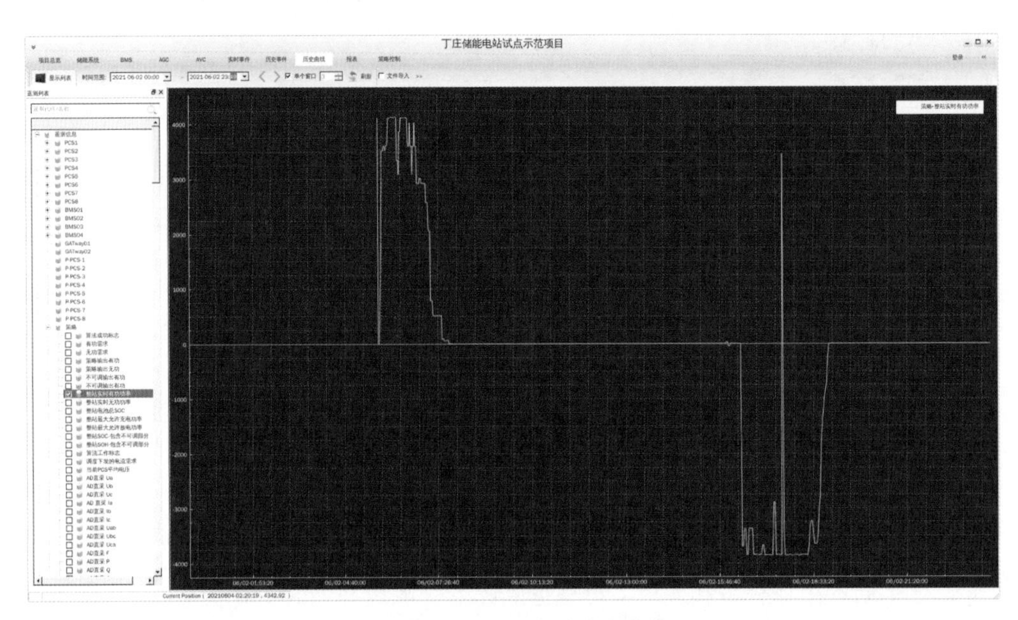

图 13-20 整站实时有功功率曲线图

2. 实时报警

实时报警界面如图 13-21 所示。

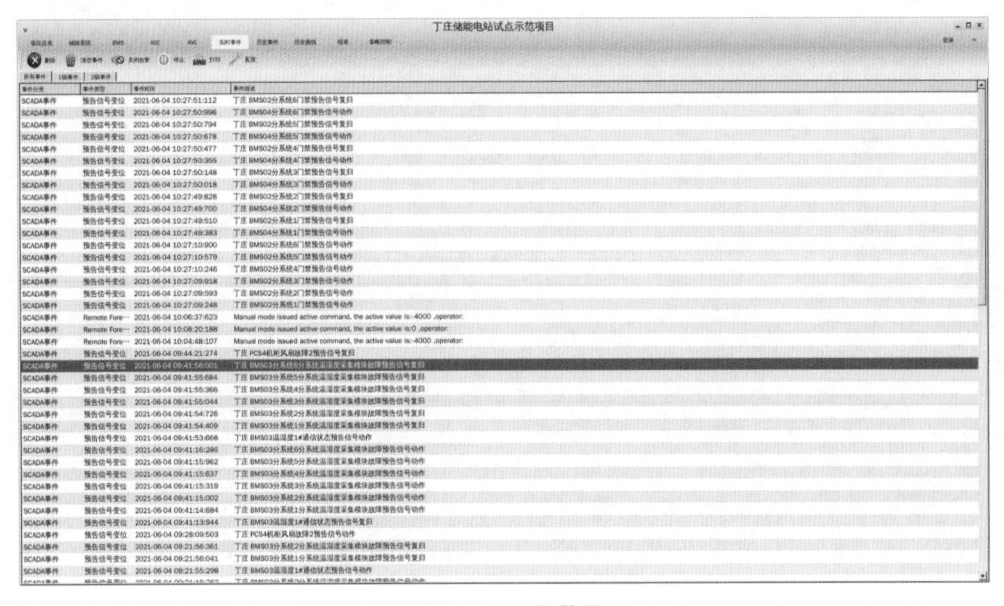

图 13-21 实时报警界面

3. 历史事件查询

历史事件查询显示告警信息及主机运行状态的历史记录，可以根据时间节点进行查询。历史事件查询如图 13-22 所示。

起始时间 21-6-4 结束时间 21-6-4 刷新

丁庄储能电站试点示范项目

项目总览 储能系统 BMS AGC AVC 实时事件 历史事件 历史曲线 报表 策略控制

起始时间 21-6-4 结束时间 21-6-4 刷新 打印 打印预览

过滤
所有事件类型
设备和程序事件
SCADA事件
保护事件
操作事件
实时库事件
所有厂站
PCS1
PCS2
PCS3
PCS4
PCS5
PCS6
PCS7
PCS8
BMS01
BMS02
BMS03
BMS04
GATway01
GATway02
P-PCS-1
P-PCS-2
P-PCS-3
P-PCS-4
P-PCS-5
P-PCS-6
P-PCS-7
P-PCS-8
策略
计算量

	事件分类	事件类型	事件时间	事件描述	遥测	遥信	服务器组	对象名0	对象名1	对象名2	对象名3	对象名4	对象名5
25	SCADA事件	预告信号变位	2021-06-04 00:36:39:507	丁庄 PCS4硬件版本异常预告信号动作	0.00	1	DingZh	yx-3-328	rtu3				
26	SCADA事件	预告信号变位	2021-06-04 00:36:41:895	丁庄 PCS4硬件版本异常预告信号复归	0.00	0	DingZh	yx-3-328	rtu3				
27	设备和程序事件	RTU状态	2021-06-04 00:42:32:834	丁庄 P-PCS-4 通讯中断	0.00	1	DingZh		rtu24				
28	设备和程序事件	RTU状态	2021-06-04 00:42:51:069	丁庄 PCS4 通讯中断	0.00	1	DingZh		rtu3				
29	设备和程序事件	RTU状态	2021-06-04 00:44:34:372	丁庄 P-PCS-4 通讯正常	0.00	0	DingZh		rtu24				
30	设备和程序事件	RTU状态	2021-06-04 00:44:34:372	丁庄 PCS4 通讯正常	0.00	0	DingZh		rtu3				
31	SCADA事件	预告信号变位	2021-06-04 00:54:24:832	丁庄 BMS01温湿度1#通信状态预告信号复归	0.00	0	DingZh	yx-8-1408	rtu8				
32	SCADA事件	预告信号变位	2021-06-04 00:54:25:585	丁庄 BMS01分系统1分系统温湿度采集模块故障预告信号动作	0.00	1	DingZh	yx-8-1558	rtu8				
33	SCADA事件	预告信号变位	2021-06-04 00:54:25:902	丁庄 BMS01分系统2分系统温湿度采集模块故障预告信号动作	0.00	1	DingZh	yx-8-1654	rtu8				
34	SCADA事件	预告信号变位	2021-06-04 00:54:26:220	丁庄 BMS01分系统3分系统温湿度采集模块故障预告信号动作	0.00	1	DingZh	yx-8-1750	rtu8				
35	SCADA事件	预告信号变位	2021-06-04 00:54:26:537	丁庄 BMS01分系统4分系统温湿度采集模块故障预告信号动作	0.00	1	DingZh	yx-8-1846	rtu8				
36	SCADA事件	预告信号变位	2021-06-04 00:54:26:854	丁庄 BMS01分系统5分系统温湿度采集模块故障预告信号动作	0.00	1	DingZh	yx-8-1942	rtu8				
37	SCADA事件	预告信号变位	2021-06-04 00:54:27:180	丁庄 BMS01分系统6分系统温湿度采集模块故障预告信号动作	0.00	1	DingZh	yx-8-2038	rtu8				
38	SCADA事件	预告信号变位	2021-06-04 00:55:04:665	丁庄 BMS01温湿度1#通信状态预告信号动作	0.00	1	DingZh	yx-8-1408	rtu8				
39	SCADA事件	预告信号变位	2021-06-04 00:55:05:413	丁庄 BMS01分系统1分系统温湿度采集模块故障预告信号复归	0.00	0	DingZh	yx-8-1558	rtu8				
40	SCADA事件	预告信号变位	2021-06-04 00:55:05:730	丁庄 BMS01分系统2分系统温湿度采集模块故障预告信号复归	0.00	0	DingZh	yx-8-1654	rtu8				
41	SCADA事件	预告信号变位	2021-06-04 00:55:06:047	丁庄 BMS01分系统3分系统温湿度采集模块故障预告信号复归	0.00	0	DingZh	yx-8-1750	rtu8				
42	SCADA事件	预告信号变位	2021-06-04 00:55:06:371	丁庄 BMS01分系统4分系统温湿度采集模块故障预告信号复归	0.00	0	DingZh	yx-8-1846	rtu8				
43	SCADA事件	预告信号变位	2021-06-04 00:55:06:688	丁庄 BMS01分系统5分系统温湿度采集模块故障预告信号复归	0.00	0	DingZh	yx-8-1942	rtu8				
44	SCADA事件	预告信号变位	2021-06-04 00:55:07:006	丁庄 BMS01分系统6分系统温湿度采集模块故障预告信号复归	0.00	0	DingZh	yx-8-2038	rtu8				
45	设备和程序事件	RTU状态	2021-06-04 01:00:16:841	丁庄 P-PCS-3 通讯中断	0.00	1	DingZh		rtu23				
46	设备和程序事件	RTU状态	2021-06-04 01:00:35:086	丁庄 PCS3 通讯中断	0.00	1	DingZh		rtu2				
47	设备和程序事件	RTU状态	2021-06-04 01:02:17:427	丁庄 PCS3 通讯正常	0.00	0	DingZh		rtu2				
48	设备和程序事件	RTU状态	2021-06-04 01:02:17:427	丁庄 P-PCS-3 通讯正常	0.00	0	DingZh		rtu23				
49	SCADA事件	预告信号变位	2021-06-04 01:02:17:798	丁庄 PCS3硬件版本异常预告信号动作	0.00	1	DingZh	yx-2-328	rtu2				
50	SCADA事件	预告信号变位	2021-06-04 01:02:22:577	丁庄 PCS3硬件版本异常预告信号复归	0.00	0	DingZh	yx-2-328	rtu2				
51	设备和程序事件	RTU状态	2021-06-04 01:32:54:416	丁庄 P-PCS-3 通讯中断	0.00	1	DingZh		rtu23				
52	设备和程序事件	RTU状态	2021-06-04 01:33:13:681	丁庄 PCS3 通讯中断	0.00	1	DingZh		rtu2				
53	设备和程序事件	RTU状态	2021-06-04 01:34:55:038	丁庄 PCS3 通讯正常	0.00	0	DingZh		rtu2				
54	设备和程序事件	RTU状态	2021-06-04 01:34:55:038	丁庄 P-PCS-3 通讯正常	0.00	0	DingZh		rtu23				
55	SCADA事件	预告信号变位	2021-06-04 01:34:55:758	丁庄 PCS3硬件版本异常预告信号动作	0.00	1	DingZh	yx-2-328	rtu2				

共读出符合条件的事件312条

图 13-22 历史事件查询

历史事件打印：点击工具栏的打印按钮 打印，可打印或导出 PDF 文件。

4. 系统网络图

系统网络图如图 13-23 所示。

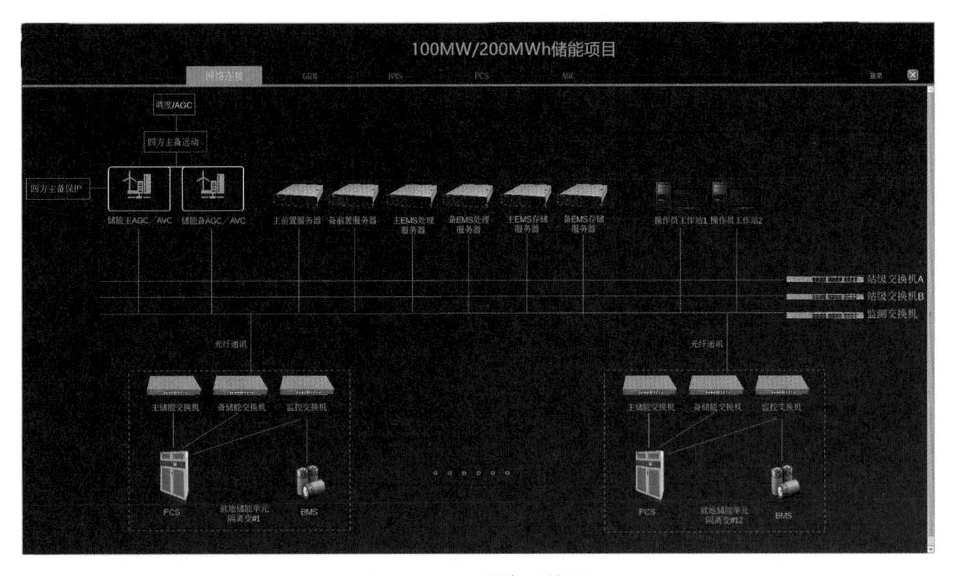

图 13-23 系统网络图

13.3 数据库管理

13.3.1 数据管理权限与设置

权限管理功能提供界面友好的权限管理工具，方便对用户的权限进行设置和管理，支持对用户和角色进行个性化监视定制，包括所关注的事项、所需要使用的功能、所需要监视的厂站等。能够通过模块、角色、用户等多种层次的权限主体，可以实现多层次、多粒度的权限控制，如图 13-24 所示。

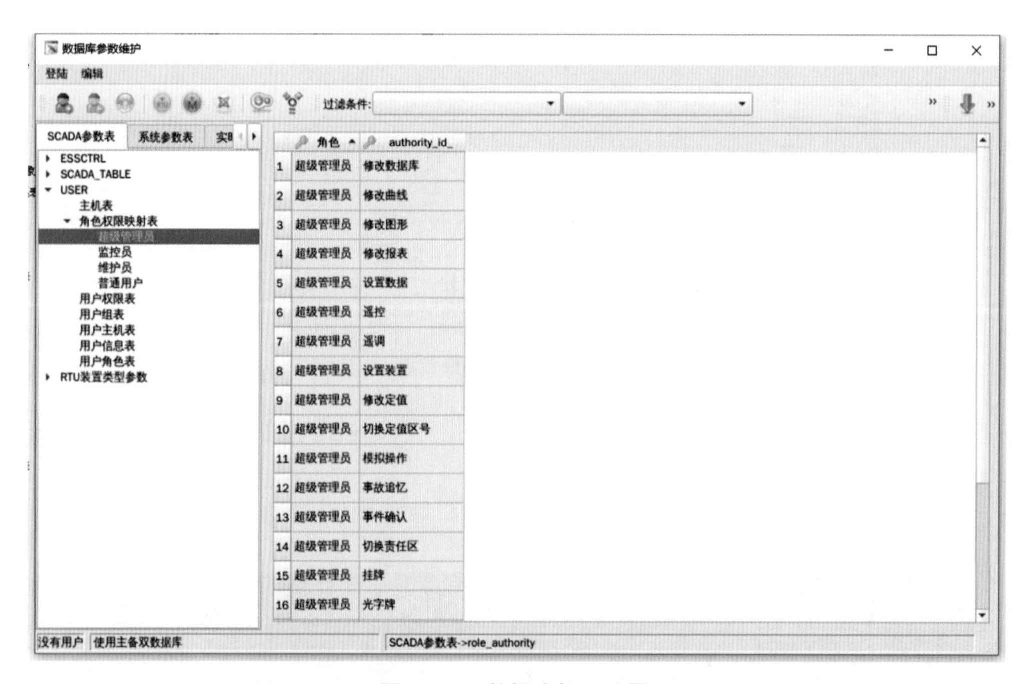

图 13-24　数据库权限设置

13.3.2 多能建模与模型管理

1. 多能模型体系

准确描述新能源各环节的物理特性，针对新能源的生产、转换、存储、消费，根据实际需要对储能站实现参数化的建模，为分析计算提供支撑。具备标准的数据交换规范，实现模型和数据管理的平台化，为多个上层应用提供支撑。

2. 图形建模工具

利用建模工具可以高效、便捷、直观地维护资源，并确保模型关系和拓扑数据一致性和准确性，采用图、数、模一体化技术实现储能站的可视化维护，满足调度模型维护的需求。SCADA 建模界面如图 13-25 所示。

图 13-25 SCADA 建模界面

13.3.3 数据存储与处理

开发支持大型储能站的数据存储，实现基础数据平台的数据存储功能，保证数据安全，实现不同类型数据的最优化差异化存储和管理。遥测参数表如图 13-26 所示。

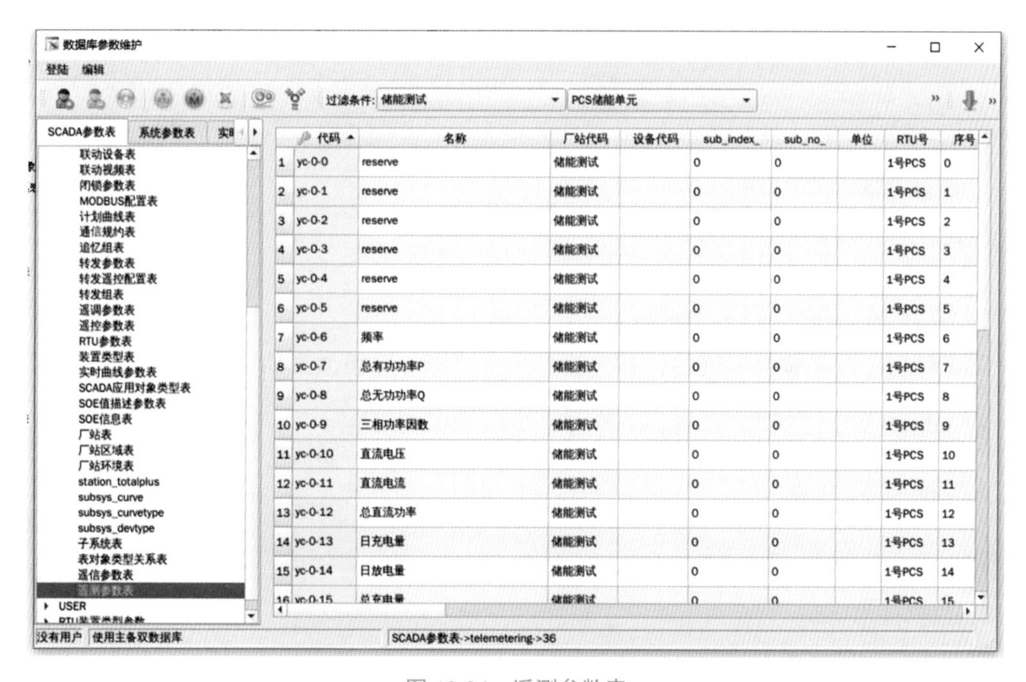

图 13-26 遥测参数表

13.3.4 算法库管理

协调控制算法管理为储能站的统计分析、优化运行提供算法支持，实现算法的设计与封装，便于应用时的快速调用，查看计算结果。算法管理包括统计分析算法管理、多能优化运行模型管理等。策略控制算法库管理如图 13-27 所示。

输入序号	输入代码	输入描述	设置值
1	common	算法频率秒	5
2	common	备用	50000
3	common	备用	0.01
4	common	时间尺度	5
5	common	PCS零漂判断是否有充放电的依据	5
6	common	Soc过高	99
7	common	Soc过低	5.9
8	common	备用	1
9	common	储能功率系数	1
10	common	削峰填谷充电功率	-15000
11	common	削峰填谷放电功率	30000
12	common	总功率限制值	50000
13	common	平台模式	2
14	common	PCS MAX Q	500
15	common	备用	1000
16	common	调度最小指令	4000
17	common	最大充电功率上限	-28000
18	common	最大放电功率下限	30000

图 13-27 策略控制算法库管理

算法可实现以下计算分析功能：

（1）针对能源站接入电网的拓扑分析、潮流计算、短路电流计算。

（2）储能站参与调峰调频、削峰填谷等控制调节的功能。

（3）支持对多能互补网络的计算，包括对风电、光伏、储能的多能网络进行综合拓扑分析和多能流分析计算。

13.3.5 数据接口管理

1. 数据抽取接口

接口不仅能够满足本地通信管理机从分布式能源站点获取数据，还能够根据实际监控与分析需求，获取用电信息采集系统、电网调度控制系统中的电网运行数据。

2. 对外服务接口

对外服务接口能够提供开放式服务，实现模型和数据的共享，为后续的扩展业务例如分布式能源统筹规划、需求侧用户互动和用能能效、跨专业的移动巡检、社会化运行维护调度等提供支撑。通道参数表如图 13-28 所示。

	代码	名称	序号	使用标志	通道类型	通讯类型	通讯性质	通讯方式	通道检验	备用通道号
1	td0	pcs1	0	否	0	0★232	0★接收信息	0★循环	否	-1
2	td1	pcs2	1	否	0	0★232	0★接收信息	0★循环	否	-1
3	td2	pcs3	2	否	0	0★232	0★接收信息	0★循环	否	-1
4	td3	pcs4	3	否	0	0★232	0★接收信息	0★循环	否	-1
5	td4	pcs5	4	否	0	0★232	0★接收信息	0★循环	否	-1
6	td5	pcs6	5	否	0	0★232	0★接收信息	0★循环	否	-1
7	td6	pcs7	6	否	0	0★232	0★接收信息	0★循环	否	-1
8	td7	pcs8	7	否	0	0★232	0★接收信息	0★循环	否	-1
9	td8	pcs9	8	否	0	0★232	0★接收信息	0★循环	否	-1
10	td9	pcs10	9	否	0	0★232	0★接收信息	0★循环	否	-1
11	td10	pcs11	10	否	0	0★232	0★接收信息	0★循环	否	-1
12	td11	pcs12	11	否	0	0★232	0★接收信息	0★循环	否	-1
13	td12	pcs13	12	否	0	0★232	0★接收信息	0★循环	否	-1
14	td13	pcs14	13	否	0	0★232	0★接收信息	0★循环	否	-1
15	td14	pcs15	14	否	0	0★232	0★接收信息	0★循环	否	-1
16	td15	pcs16	15	否	0	0★232	0★接收信息	0★循环	否	-1

图 13-28　通道参数表

13.3.6　日志管理

日志管理能够实现对功能模块运行情况的实时跟踪和对程序错误的准确定位，达到既方便功能模块管理人员实时跟踪，又有效协助用户发现问题、分析问题进而解决问题的目的。

13.3.7　数据库编辑维护

数据库管理工具，可以进行数据库结构定义、数据库内容编辑修改。为避免系统服务器磁盘空间占用过多，EMS 提供数据自动清理维护功能，可根据用户需求自动清理历史数据表，以保证服务器正常运行。

13.4　华能储能大数据分析系统简介

为充分掌握电池储能站的运行状态，详细地分析电池储能站的电池当前健康状态，基于云计算、物联网、AI/ 边缘计算、大数据等技术研究开发电池运行大数据分析系统和电池筛选与优化分组再利用系统，为设备运行维护和升级改造及电池退役提供技术支撑。平台架构图如图 13-29 所示。

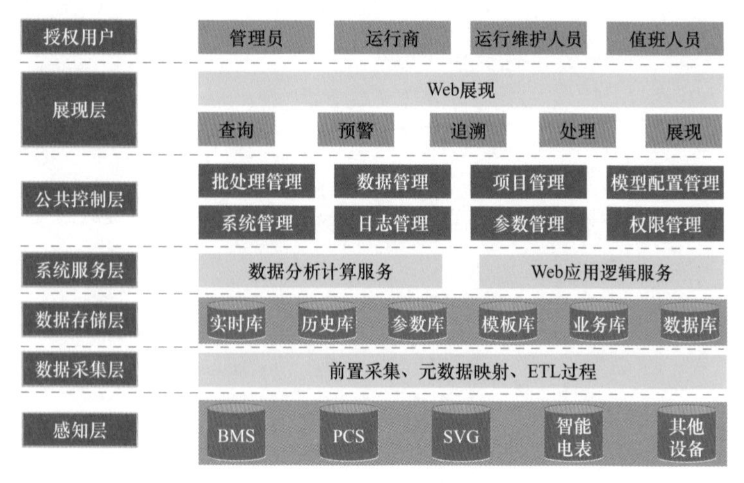

图 13-29　平台架构图

13.4.1　大数据分析概述

下面以华能储能大数据分析系统为例，介绍一下电池大数据分析系统的设计思路。

分析系统的基本流程：监视→告警→分析→诊断。

对运行的储能设备进行实时监视，监视过程中通过大数据的分析和统计，根据储能设备安全运行的约束条件，给出储能设备的故障告警信息，调度人员根据告警的信息，结合系统提供的关键参数的运行数据进行故障的分析，系统可根据大量的历史数据进行原因分析，通过智能自学习算法，为故障产生提供全方位的结果分析。专家知识库最初由系统提供一个基础模型，随着系统的运行，大量数据的分析，通过自学习算法不断地完善。系统根据不断完善的专家知识库，提供智能化的分析结果，为调度人员分析故障提供科学性的参考。

13.4.2　功能概述

系统包括项目介绍、运行监视、故障告警、故障分析、故障诊断、设备巡检、资料管理、系统配置八大部分。

1. 项目介绍

项目介绍以组态图的形式显示。

2. 运行监视

运行监视主要展示储能站基本信息、实时状态、储能站历史运行情况，通过总览页面使用户对厂站的位置、信息、运行状态和整体情况有总体的掌握。

（1）系统接线图。页面中部以接线图的形式呈现设备连接方式，接线图中可显示电池舱电压和电流，各电器组件连接接线。储能电站系统接线图中可分为若干电池单元，电池单元包含储能变流器和电池预制舱，当设备出现维护提醒、故障预警、故障告警等状态，设备上方会悬浮相应事件状态标志。

（2）总状态信息。该部分显示的是各个储能站（或储能车、储能舱）的状态信息饼图，包括空载、充电、放电和离网四种状态。

（3）总 SOC。该部分显示的是总 SOC 和剩余能量。

（4）实时功率曲线。该部分显示的是实时功率曲线，包括有功功率和无功功率。

（5）实时充放电电量曲线。该部分显示的是实时日充放电电量，包括总充电电量和总放电电量。

（6）总统计数据。该部分展示了累计充电量、累计放电量、最大可用功率、最大可用电量、整站充放电效率、累计循环次数。

（7）告警统计。该部分用来统计系统运行中针对储能设备进行运行分析，给出的各种分析预 / 告警信息的统计结果，包含今日告警条数、昨日告警条数、累计告警条数、已处理告警条数、未处理告警条数等。

3. 故障告警

系统发生故障时，监控单元将视故障情况给出告警信号，所有故障均有声光告警及文字提示；此界面主要展示了所有生成的故障记录信息。

可在输入框中按照设备名称、故障名称、故障特征等信息进行故障记录查询；查询的信息展示包括标题、内容、设备 ID、时间和结果；可以在上方通过不同的过滤条件来查询不同类型的故障记录。

4. 故障分析

故障分析一般包括诊断对象的故障机理、故障模式及影响，故障发生概率和故障发展变化规律等。故障分析包括导航菜单、历史消息栏、运行状态分析、设备信息四部分。

（1）导航菜单。页面的最左侧是设备信息导航栏。在输入框中输入设备关键字，则筛选出包含该关键字的所有设备。当选中某一设备时，历史消息栏中会自动选中“按设备”，并且输入框中会显示该设备的名称，此时消息栏中显示该设备过往的所有维护消息；若该设备没有消息，则设备基本信息栏和运行状态栏这两部分会显示该设备当前时刻的信息和运行状态，而消息栏和操作建议栏则会清空。删除输入框中设备名称，则消息栏中返回原信息显示。导航栏默认隐藏。

（2）历史消息栏。页面中间部分是历史维护消息栏，未点击左侧设备菜单时，显示最近 7 天内所有消息，包括维护、预警、告警三种信息；当选中某一设备后，显示的是该设备的所有信息。其中可根据不同的动作以不同的颜色区分消息。点击其中一条消息，页面中其余模块内容将同步更新为该信息对应的相关内容。点击下拉框，可“按时间”“按设备”和“按动作”进行信息，在输入框中输入想要筛选内容的关键字，可以筛选出相应的消息。消息定时刷新，当有新消息时会自动追加到消息栏中。

（3）运行状态分析。页面右上角是运行状态分析图，显示的图形内容根据消息栏中选中设备类型不同而不同。

1）PCS 对应的是“充电效率”“放电效率”“功率因数”；

2）电池预制舱对应的是“健康度”“簇电压差”“簇电流差”“簇 SOC 差”“簇 SOH 差”“集装箱温度场”；

3）电池簇对应的是“健康度”“模组电压差”“模组电压方差”“簇 ICA 曲线”；

4）电池模组对应的是“健康度”“温度差”“温度方差”“单体电压差”“单体电压方差”“模组 ICA 曲线”。

点击按钮后选择想要查看的时间段，包括“周”“月”“自定义”，自定义时间范围最大为 3 个月。曲线图显示该设备下相应参数的统计值，差值曲线以双坐标显示，右侧坐标显示的是最大值、最小值和平均值。点击电池预制舱下的“集装箱温度场”按钮，以 3D 坐标显示该电池预制舱的温度场；点击电池簇和电池模组下的“模组 ICA 曲线”按钮，显示的是该设备的 ICA 曲线。

（4）设备信息。该部分以组态图的形式显示设备的基本信息。

5. 故障诊断

故障诊断是对系统运行状态和异常情况作出判断，并根据诊断作出判断，为系统故障恢复提供依据。要对系统进行故障诊断，首先必须对其进行检测，在发生系统故障时，对故障类型、故障部位及原因进行诊断，最终给出解决方案，实现故障恢复。就本系统而言，为保证宽高仪系统稳定性，专门设计了故障诊断方案。故障诊断界面分为导航栏、故障诊断消息栏、故障诊断结果等。

（1）导航栏。页面的最左侧是设备信息导航栏。在输入框中输入设备关键字，则筛选出包含该关键字的所有设备。点击筛选后设备的最后一层节点，选中某一设备时，故障诊断消息栏中会自动选中“按设备”，并且输入框中会显示该设备的名称，此时消息栏中显示该设备 7 天内所有消息；删除输入框中设备名称，则消息栏中返回原信息显示。

（2）故障诊断消息栏。故障诊断消息栏中显示最近 7 天内所有故障诊断消息，点击其中一条消息，页面中其余模块内容将同步更新为该信息对应的相关内容。

故障诊断消息的内容包括消息标题、时间、设备 ID、设备名称、内容及动作，其中“动作”随消息的处理而相应地更新变化。在文本框中输入关键字对故障信息进行查询，可以对消息进行“按时间”“按类型”和“按动作”筛选。

维护信息及设备预 / 告警信息开始诊断后，才会自动生成一条故障信息。消息模块可进行模块大小的缩放，便于查看。

（3）故障诊断结果。该模块展示了故障发生的可能原因，系统通过专家知识库，为预分析的故障提供全方位的可能原因，系统根据调度人员对故障原因的确认和补充，通过自学习算法，不断完善专家知识库。

动态化、智能化的专家知识库为故障分析提供了尽可能可靠故障分析结果。系统会根据每个原因进行打分，根据打分告警，将最可能的原因推送给分析人员；分析人员也可以根据实际的分析结果干预打分情况，做到分析的交互，实现专家知识库的不断完善，从而提高故障结果准确性，为快速定位故障原因提供科学依据。

（4）智能专家知识库。

平台提供对专家知识库的管理，并且提供对每一项故障原因的分析功能。

6. 设备巡检

设备巡检系统是通过确保巡检工作的质量以及提高巡检工作的效率来提高设备维护的水平的一种系统，其目的是掌握设备运行状况及周围环境的变化，发现设施缺陷和危及安全的隐患，及时采取有效措施，保证设备的安全和系统稳定。设备日常巡检模块包括了巡检工单和巡检计划 2 个模块。

（1）巡检工单。

1）巡检工单展示了所有录入的工单信息，包括工单编号、巡检日期、巡检人员、巡检设备、计划开始时间、实际开始时间、计划结束时间、实际结束时间、巡检结果等信息，上方可以通过巡检日期、巡检人员、巡检设备、巡检结果和输入工单编号来快速查找对应的消息。

2）点击删除按钮则可以删除工单。

3）点击新建按钮进入到巡检工单信息界面，在该界面可以录入巡检人员、巡检日期、计划开始时间、计划结束时间、实际开始时间、实际结束时间、巡检内容描述、巡检的注意事项，右侧用树形图展示了设备的信息，填写完之后点击提交就能生成新的工单。

4）点击修改按钮则可以进入到该工单对应的信息界面，也可以在界面中修改对应的信息。

（2）巡检计划。

1）巡检计划展示了所有录入的计划信息，包括计划名称、巡检日期、巡检方式、巡检周期、有效开始时间、巡检开始时间、有效结束时间、巡检结束时间、巡检人员、巡检设备等信息，上方可以通过有效开始日期、有效结束日期、巡检设备、巡检人员、巡检方式、巡检周期、巡检单位和输入计划名称来快速查找对应的消息。

2）点击删除按钮则可以删除该条计划。

3）点击新建按钮进入巡检计划信息界面，在该界面可以录入计划名称、巡检人员、有效开始时间、有效结束时间、巡检开始工作时间、巡检结束工作时间、巡检方式、巡检周期、巡检单位、巡检内容描述、巡检的注意事项，右侧用树形图展示了设备的信息，填写完之后点击提交就能生成新的巡检计划。

4）点击修改按钮则可以进入该计划对应的信息界面，也可以在界面中修改对应的信息。

7. 资料管理

为保证系统文件的完整，便于查找利用，做好收集、立卷、保管等工作，维护文件档案的完整和安全，由本模块管理。

资料管理分类显示到页面中，点击文件夹进入详情页面。

详情页面包括上传、下载和删除功能。点击返回按钮可以返回上一级。

8. 系统配置

为保证系统数据和权限的完整，便于查找利用，做好新建、删除、修改、查询等工作，维护系统数据的完整和安全，由本模块管理，本模块分为用户管理、角色管理、责任区管理、厂站管理、设备管理、平台管理六个部分。

（1）用户管理。点击系统配置的用户管理按钮，进入模块，该模块将展示出所有的用户信息，包括工单号、姓名、是否主管、性别、手机号、邮箱、创建时间、备注和状态等，在上方查询条件里面下拉用户可以快速查询对应的用户信息，点击删除按钮可以快速删除该用户信息，点击新建和修改按钮可以进入详情页。

用户信息详情页，默认密码为 6 个 6，在界面可以录入工单号和姓名等信息，点击新建按钮时进入一个空的界面，点击修改进入的是一个已经存在的用户，在界面可以修改用户信息，点击保存按钮之后会录入系统最新的数据，点击取消则不会保存。

（2）角色管理。点击系统配置的角色管理按钮，进入模块，该模块将展示出所有的角色信息，包括角色名称和角色说明，右侧权限树可以快速地看到所选择的角色的权限，点击某一个角色行右侧对应地会展示出该角色所拥有的权限范围，点击新建和修改按钮进入到详情页。

在角色详情页界面可以录入角色名称和角色说明，点击新建按钮进入一个空的界面，点击修改进入的是一个已经存在的角色，中间部分是角色对应的操作权限，右侧部分展示的是角色展示的菜单，点击保存按钮之后会录入系统最新的数据，点击取消则不会保存。

（3）责任区管理。点击系统配置的责任区管理按钮，进入模块，该模块将展示出所有的责任区的信息，包括责任区名称、所属公司、责任区描述等，在上方查询条件输入责任区名称可以快速地查出对应的信息，点击新建和修改可以进入到责任区详情页。

在责任区详情页界面可以录入责任区名称、描述等信息，点击新建按钮时进入一个空的界面，点击修改进入的是一个已经存在的责任区，右侧勾选出厂站可以对应上相应的责任区信息，点击保存按钮之后会录入系统最新的数据，点击取消则不会保存。

（4）厂站管理。点击系统配置的厂站管理按钮，进入模块，该模块分为左右 2 侧，左侧展示出所有的厂站信息，上方输入框可以快速查询厂站，点击某一个厂站，右侧对应地显示该厂站的所有信息，包括名称、地址、联系人、联系电话、经度、纬度、主变压器台数、容量、电压等级、计划曲线等信息，修改某一处信息之后，点击保存按钮可以更新该厂站的信息。

（5）设备管理。点击系统配置的设备管理按钮，进入模块，该模块分为 2 部分，左侧上方的输入框可以快速搜索厂站，点击左侧的厂站树形图可以快速地筛选出该厂站下面对应的设备情况，展示信息包括设备图片、设备名称、设备代码、设备类型、规格型号、所属厂站、负责人、生产厂家、供应商、安装地点、购买时间、设备状态、备注等信息，在上方可以通过状态和名称来快速地筛选出设备信息，点击删除按钮可以删除掉该设备信息，点击二维码按钮展示出由该设备代码产生的二维码信息，点击二维码下载可以把二维码下载到本地，点击新建和修改按钮可以进入设备详情页。

在设备详情页界面展示了关于设备的名称、图片、代码、类型等信息，点击新建按钮时进入一个空的界面，点击修改进入的是一个已经存在的设备，点击保存按钮之后会录入系统最新的数据，点击取消则不会保存。

（6）平台管理。点击系统配置的平台管理按钮，进入模块，该模块可以设置平台的logo、名称和通信架构组态图，点击保存按钮可以更新到系统。

13.5 储能 EMS 性能指标

13.5.1 可用性指标

（1）双机系统年可用率大于或等于 99.9%。

（2）冗余热备用节点之间实现无扰动切换，热备用节点接替值班节点的切换时间小于或等于 5s；主备通道的切换时间小于或等于 20s。

（3）冷备用节点接替值班节点的切换时间小于或等于 5min。

（4）任何时刻冗余配置的节点之间可相互切换，切换方式包括手动和自动两种方式。

（5）任何时刻保证热备用节点之间数据的一致性，各节点可随时接替值班节点投入运行。

（6）设备电源故障实现无缝切换，对双电源设备无干扰。

13.5.2 可靠性和运行寿命指标

（1）系统平均故障间隔时间（MTBF）大于或等于 20000h。

（2）系统能长期稳定运行，在值班设备无硬件故障和非人工干预的情况下，主备设备不发生自动切换。

（3）监控主机与数据服务器的软硬件配置应满足在租赁期内 EMS 长期运行流畅、不卡机、不死机。

（4）模拟量测量综合误差：小于或等于 0.5%。

13.5.3 信息处理指标

（1）主站对遥信量、遥测量、遥调量和遥控量处的正确率为 100%。

（2）主站设备与系统 GPS 对时精度小于 10ms。

（3）电流量、电压量测量误差小于或等于 0.2%。

（4）有功功率、无功功率测量误差小于或等于 0.5%。

（5）电网频率测量误差小于或等于 0.01Hz。

（6）模拟量越死区传送整定最小值大于或等于 0.1%（额定值），并逐点可调。

13.5.4 实时性指标

（1）事件顺序记录分辨率（SOE）：站控层小于或等于 2ms，间隔层测控装置小于或

等于 1ms。

（2）模拟量越死区传送时间（至站控层）：小于或等于 2s。

（3）状态量变位传送时间（至站控层）：小于或等于 1s。

（4）模拟量信息响应时间（从 I/O 输入端至远动通信设备出口）：小于或等于 3s。

（5）状态量变化响应时间（从 I/O 输入端至远动通信设备出口）：小于或等于 2s。

（6）控制执行命令从生成到输出的时间小于或等于 1s。

（7）画面整幅调用响应时间：实时画面小于或等于 1s，其他画面小于或等于 2s。

（8）画面实时数据刷新周期：小于或等于 3s。

13.5.5 系统存储容量指标

（1）历史数据存储时间不少于 3 年。

（2）当存储容量余额低于系统运行要求容量的 80% 时发出告警信息。

（3）磁盘（数据库）满时，应保证系统正常运行功能。

（4）事故追忆要求：事故前 1min，事故后 2min。

13.5.6 标准技术参数表

以 100MWh 为例的储能电站 EMS 标准技术参数如表 13-22 所示。

表 13-22 以 100MWh 为例的储能电站 EMS 标准技术参数表

序号	参数名称		单位	标准参数值
1	模拟量遥测综合误差		%	≤ 0.5
2	控制操作正确率		%	100
3	遥测合格率		%	100
4	事故时遥信年正确动作率		%	≥ 99
5	事件顺序记录分辨率（SOE）	站控层	ms	≤ 2
		间隔层测控单元	ms	≤ 1
6	模拟量越死区传送时间（至站控层）		s	≤ 2
7	状态量变位传送时间（至站控层）		s	≤ 1
8	模拟信息响应时间（从 I/O 输入端至远动通信装置出口）		s	≤ 3
9	状态量变化响应时间（从 I/O 输入端至远动通信装置出口）		s	≤ 2
10	控制执行命令从生成到输出的时间		s	≤ 1
11	双机切换时间	热备用	s	保证实时任务不中断
		温备用	s	≤ 30
		冷备用	min	≤ 5min

续表

序号	参数名称		单位	标准参数值
12	系统平均无故障间隔时间（MTBF）		h	≥ 20000
13	间隔层测控单元平均无故障间隔时间		h	≥ 40000
14	各工作站的 CPU 平均负荷率	正常时（任意 30min 内）	%	≤ 30
		电力系统故障（10s 内）	%	≤ 50
15	网络平均负荷率	正常时（任意 30min 内）	%	≤ 30
		电力系统故障（10s 内）	%	≤ 50
16	模数转换分辨率		bit	≥ 16
17	双机系统可用率		%	≥ 99.9
18	实时数据库容量	模拟量	点	≥ 50 万
		状态量	点	≥ 50 万
		遥控	点	≥ 20000
		遥调	点	≥ 20000
19	历史数据库存储容量	历史曲线采样间隔	min	1~30（可调）
		历史趋势曲线、日报、月报、年报存储时间	年	≥ 3
		历史趋势曲线数量	条	≥ 300
20	事故追忆	事故前	min	1
		事故后	min	2
21	监控主机与数据服务器的软硬件配置			保证系统运行流畅
22	历史数据			可转储、备份

13.6 储能 EMS 安全性

13.6.1 电池安全管理

为最大保障电池的安全运行，出现如下故障时进行 PCS 停机操作。

（1）BMS 故障信号汇总列表如表 13-23 所示。

表 13-23　　BMS 故障信号汇总列表

序号	故障信号	序号	故障信号
1	初始化失败	19	总电压过高
2	预充失败	20	总电压过低
3	消防故障	21	放电电流过大故障
4	水浸故障	22	充电电流过大故障
5	温升过快	23	充电电流过大故障
6	湿度过大	24	温度过高
7	PCS 急停	25	温度过低
8	BMS 故障	26	温差过大
9	空调故障	27	温升过快
10	控制柜急停	28	铜排过温
11	过电压保护	29	BMU（电池管理单元）丢失
12	过电流保护	30	BCMS（电池充电管理系统）内部通信故障
13	绝缘一级保护	31	SBMS（智能电池管理系统）通信故障
14	绝缘一级保护	32	极限过电压故障
15	环境温度过高一级	33	极限欠电压故障
16	环境温度过低一级	34	极限过温故障
17	单体电压过高	35	极限低温故障
18	单体电压过低		

（2）当 BMS/PCS 等出现故障时，PCS 标注为禁用停机，并把故障信息以弹出故障窗口提示，该窗口当故障信息不消除时，一直显示（无法关闭，直到故障解除），强制由用户处理。故障信息弹出界面如图 13-30 所示。

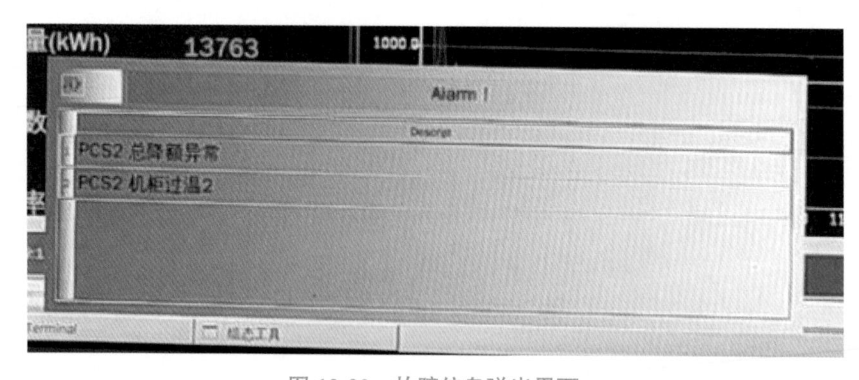

图 13-30　故障信息弹出界面

13.6.2 站控安全管理

储能电站可通过远程控制和就地控制实现启停、下发功率指令和策略投切。若运行中出现异常需要紧急停机时，可手动紧急停机。储能设备应具有以下 7 种运行操作方式：

（1）就地启动操作。复位 PCS 所有故障，依次合上电池组串接触器或断路器、PCS 直流侧隔离开关、PCS 交流侧隔离开关，确认变流器处于就地控制模式，按下 PCS 启动按钮，自动合上 PCS 直流侧和交流侧接触器，并启动 PCS。

（2）就地停机操作。确认 PCS 处于就地控制模式，按下 PCS 停止按钮停止 PCS，断开 PCS 交流侧和直流侧接触器。

（3）远程启动操作。PCS 为远程控制模式，储能单元所有故障复位，储能单元处于冷备用状态，从储能单元监控系统点击储能单元启动按钮，远程合上 PCS 交直流侧接触器，并启动储能单元并网。

（4）远程停机操作。PCS 为远程控制模式，储能单元处于启动状态，从储能单元监控系统点击储能单元停止按钮停止 PCS，远程断开 PCS 交直流侧接触器，并停止 PCS。

（5）紧急停机操作。除储能单元因故障自动执行紧急停机过程外，运行人员如发现储能单元出现异常需要紧急停机时，应直接快速拍下 PCS 的急停按钮，PCS 停止运行，断开 PCS 直流侧和交流侧接触器。

（6）下发功率指令操作。PCS 为远程控制模式，从储能单元监控系统发出功率指令，远程调节储能单元发出功率。

（7）策略投切操作。PCS 为远程控制模式，从储能单元监控系统发出投切策略，远程切换储能单元运行模式。

14 储能 EMS 测试及运行维护

14.1 储能 EMS 投运前调试

储能 EMS 在投运前，应进行各项测试，包括但不限于表 14-1 所列项目。

表 14-1 储能 EMS 投运前各项测试

序号	调试项目	调试项目	调试内容
1	通信调试	PCS 通信调试	通信调试、数据对点
		就地监控通信调试	通信调试、数据对点
		远动通信调试	通信调试、数据对点
		调度 AGC 通信调试	通信调试、数据对点
		调度 AVC 通信调试	通信调试、数据对点
2	控制调试	PCS 遥控调试	单台 PCS、单组储能单元、储能整站 PCS 启停机
		PCS 遥调调试	单台 PCS、单组储能单元、储能整站 PCS 有功功率、无功功率控制
		空调控制调试	单台、整组、整站空调启停控制
		保护装置控制调试	保护装置启停控制
		SVG 控制调试	SVG 无功功率调节
		电容器遥控调试	电容器开关分合控制
3	功率下发调试	单个 PCS	单个 PCS 有功功率放电功率、充电功率下发指令下发正确
		各储能单元支路	各储能单元支路有功功率放电功率、充电功率下发指令下发正确
		整站	整站有功功率放电功率、充电功率下发指令下发正确
4	储能策略调试	手动模式	手动进行整站充电测试
		计划曲线模式	储能电站出力跟踪计划曲线
		削峰填谷模式	峰谷自动充放电，多充多放
		跟踪调度模式	跟随调度指令、出力

14.2 储能 EMS 就地监控调试

当集装箱内配置就地监控系统时，按表 14-2 所列步骤调试。

表 14-2 就地监控系统调试步骤

序号	调试项目	调试内容	
1	柜内设备安装	机柜到货安装	机柜安装至对应的预留位置，带玻璃门的面朝外，机柜后面留出至少 1.5m 宽度的空间方便后期操作
		显示器安装	安装至已设计好的机柜内的中间位置上（参照机柜设计图纸），显示器嵌入面板中，接口部分朝后方
		交换机安装	网络交换机安装至柜内预留位置上（参照机柜设计图纸），正面朝上，接口朝后方
		就地监控服务器安装	就地监控服务器安装至柜内预留位置上（参照机柜设计图纸），接入显示器，设备正面朝上，接口朝后方
2	柜内网络布线	柜内布线	柜内布线标准： （1）结构清晰，便于管理和维护； （2）材料统一、先进，适应今后的发展需要； （3）灵活性强，适应各种不同的需求； （4）便于扩充，节约费用，提高了系统的可靠性
		上行光纤通信搭建	就地监控与 EMS 光纤通信搭建通信。站端光纤交换机接口与就地监控光纤交换机接口通过网络测试仪器测试通信正常
		下行网络通信搭建	就地监控与 PCS、BMS、35kV 保护、水冷装置通过网络搭建通信。就地监控 PING 站端各设备 IP，能 PING 通也不掉帧，并且反馈时间小于或等于 2ms
		机房走线	机房采用下走线方式。一边布放列头柜到设备柜的电源线，另一边布放网线等信号线缆，上层布线设备柜到光纤通信柜的光缆、电源线和信号线不可交叉走线
3	系统通信调试	与 PCS 通信	与 PCS 通信正常、数据准确
		与 BMS 通信	与 BMS 通信正常、数据准确
		与空调通信	与空调通信正常、数据准确
		与保护通信	与保护装置通信正常、数据准确
		与水冷装置通信	与水冷装置通信正常、数据准确
		与 EMS 通信	与 EMS 通信正常、数据准确

14.3 储能 EMS 运行维护

14.3.1 维护服务内容

（1）备份。做好定时备份策略，备份所有库内容，并定期检查备份是否有效、全面。

（2）系统日常运行维护。包括系统操作指导、系统日常运行维护回复、因误操作导致的数据错误维护等。

（3）系统突发事件的诊断、排除。

（4）数据库数据清理。定期清理运行维护过程中所生成的生产数据库中的临时表，从应用系统角度来优化数据库，如建立并优化索引、优化存储过程、数据库表拆分等，调高应用系统运行速度。

（5）做一定的安全措施。如防火墙的访问控制、防止黑客远程暴力破解。

14.3.2 异常情况处理建议

（1）储能电池发生过放电、过充电、短路等故障时，应停机检查。

（2）储能电池电压过低或过高，应通过均衡充电的方法进行处理，不允许长时间持续运行。

（3）储能电池出现异味、鼓肚等异常情况，应停机检查。

（4）储能电池发生冒烟、起火、爆炸等异常情况时，应及时疏散周边人员，按应急预案立即采取相应措施，停机隔离，防止故障扩大并及时上报。

15

储能 EMS 应用案例

15.1 电源侧 - 风储应用案例——华能山东海阳风电场储能项目

15.1.1 项目概况

华能山东半岛南 4 号海上风电项目位于山东省海阳市南部海域，风机总装机容量为 301.6MW，储能总装机容量为 15MW/30MWh。

15.1.2 现场基本情况

该项目储能基建为集装箱式，共铺建 18 台储能集装箱，其中 6 台为 PCS/ 变压器集装箱，12 台为电池 BMS 集装箱，单台 PCS 集装箱控制 2 台 BMS 集装箱。

15.1.3 EMS 介绍

EMS 作为总控平台，与站内的储能设备进行对接，将储能数据采集并显示出来，供站内工作人员对储能电站进行管理和运行维护；同时将部分数据转发给上级调度总监控平台，供上级系统制定调度策略，并接收上级系统的调度，根据调度命令对站内储能设备进行命令下发和流程控制。

15.1.4 系统界面

该项目部分 EMS 界面如图 15-1~ 图 15-6 所示。

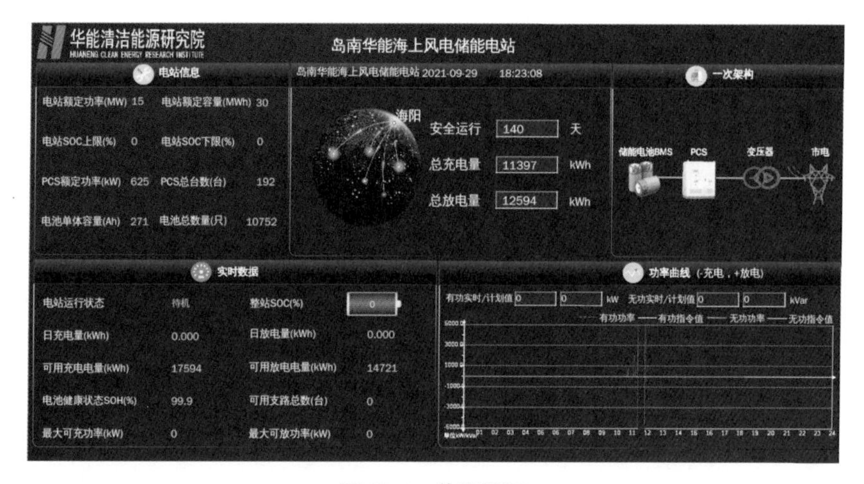

图 15-1 首页界面

图 15-2　总控信息界面

图 15-3　PCS 监测信息界面

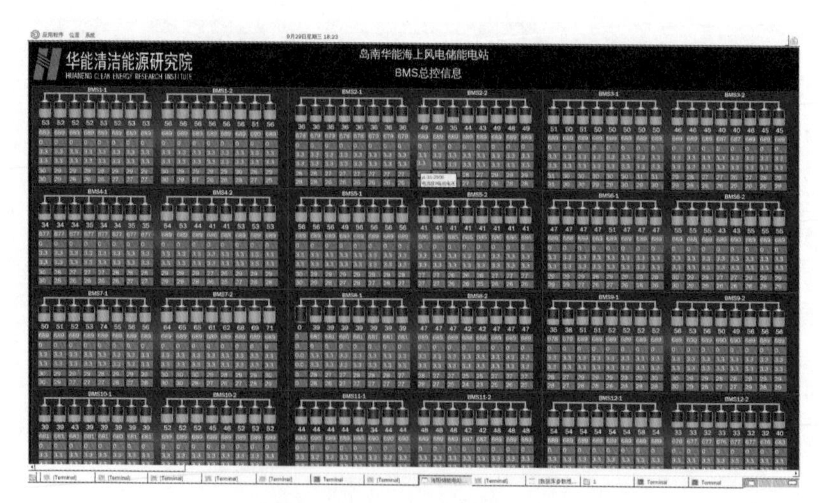

图 15-4　BMS 总控信息界面

华能清洁能源研究院
HUANENG CLEAN ENERGY RESEARCH INSTITUTE
岛南华能海上风电储能电站
BMS2　电池簇6单体信息
返回

名称	CSC1	CSC2	CSC3	CSC4	CSC5	CSC6	CSC7	CSC8	CSC9	CSC10	CSC11	CSC12	CSC13
单体电压2(V)	3.262	3.267	3.265	3.269	3.264	3.269	3.268	3.265	3.270	3.267	3.266	3.269	3.270
单体电压4(V)	3.266	3.266	3.267	3.269	3.264	3.265	3.265	3.263	3.269	3.264	3.268	3.267	3.266
单体电压6(V)	3.265	3.266	3.266	3.266	3.264	3.268	3.265	3.266	3.269	3.269	3.268	3.266	3.266
单体电压8(V)	3.266	3.269	3.267	3.269	3.272	3.263	3.266	3.265	3.266	3.268	3.266	3.265	3.269
单体电压10(V)	3.267	3.270	3.264	3.267	3.267	3.265	3.264	3.268	3.269	3.264	3.268	3.269	3.269
单体电压12(V)	3.266	3.266	3.265	3.268	3.267	3.268	3.264	3.266	3.269	3.266	3.269	3.268	3.266
单体电压14(V)	3.263	3.267	3.269	3.268	3.265	3.266	3.267	3.268	3.268	3.266	3.268	3.268	3.267
单体电压16(V)	3.265	3.265	3.269	3.269	3.269	3.264	3.270	3.267	3.268	3.267	3.269	3.267	3.264
单体温度2(℃)	27	26	27	27	27	26	27	27	26	27	27	27	27
单体温度4(℃)	26	26	26	26	26	27	27	26	27	26	26	26	27

图 15-5　BMS 电池簇单体信息界面

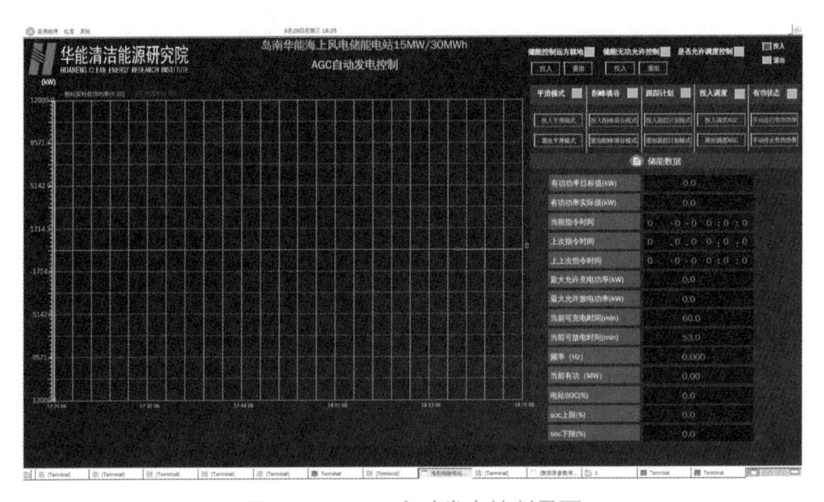

图 15-6　AGC 自动发电控制界面

15.2　电源侧 - 光储应用案例——华能德州丁庄光伏储能项目

15.2.1　项目概述

该项目总投资 7.8 亿元，占地 250km^2。对水库截渗沟范围内的平地、坝面及水面进行整体规划，工程总规划容量约为 320MW，该项目一期工程建设规模为 200MW 的水上光伏，该期新建光伏电站与华能德州丁庄 100MW 风电项目共用一座 220kV 升压站（已建成），预留远期规划 120MW 容量。该期工程拟以 10 回 35kV 线路接入 220kV 升压站扩建端 35kV 侧，经一台 200MWA 主变压器升压至 220kV，与华能德州丁庄 100MW 风电项目共用 1 回 220kV 出线接入 220kV 望湖站。储能总装机容量为 4MW/8MWh。

15.2.2 现场基本情况

该项目储能基建为集装箱式，共铺建 6 台储能集装箱，其中 2 台为 PCS/ 变压器集装箱，4 台为电池 BMS 集装箱，单台 PCS 集装箱控制 2 台 BMS 集装箱。

15.2.3 EMS 介绍

其中 EMS（能量管理系统）作为总控平台，与站内的储能设备进行对接，将储能数据采集并显示出来，供站内工作人员对储能电站进行管理和运行维护；同时将部分数据转发给上级调度总监控平台，供上级系统制定调度策略，并接收上级系统的调度，根据调度命令对站内储能设备进行控制。

15.2.4 系统界面

该项目部分 EMS 界面如图 15-7~ 图 15-14 所示。

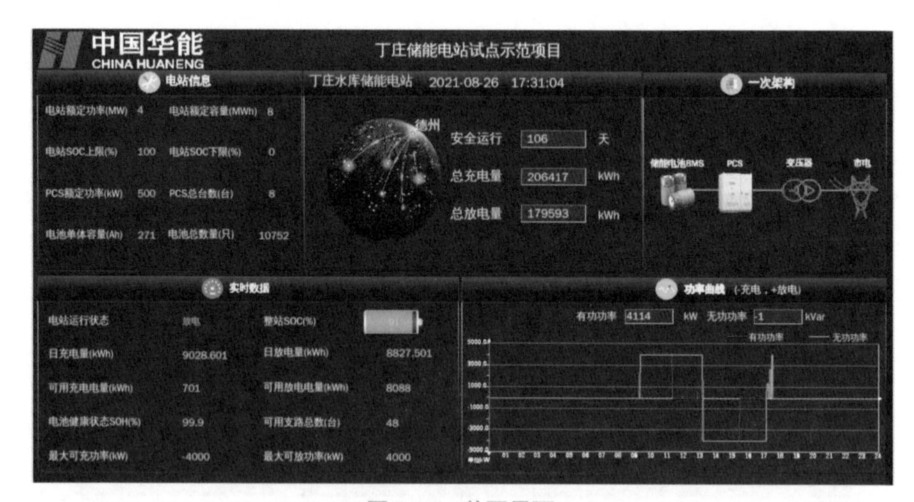

图 15-7 首页界面

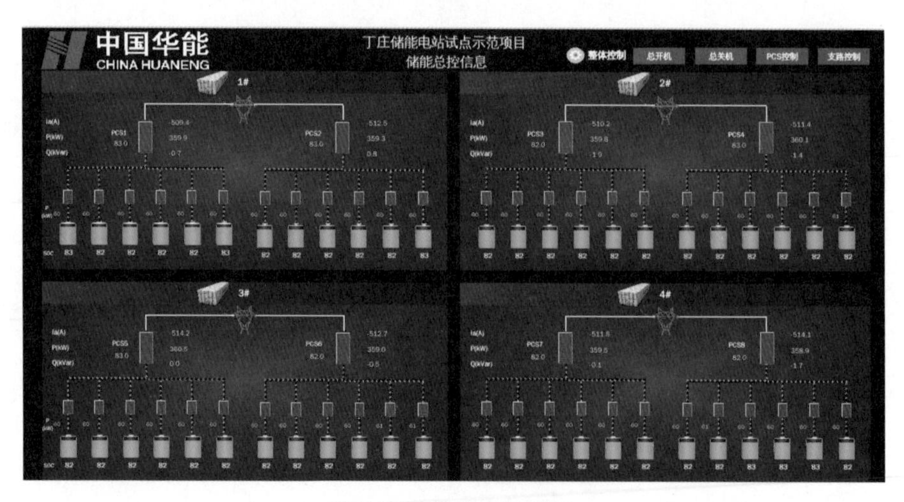

图 15-8 总控信息界面

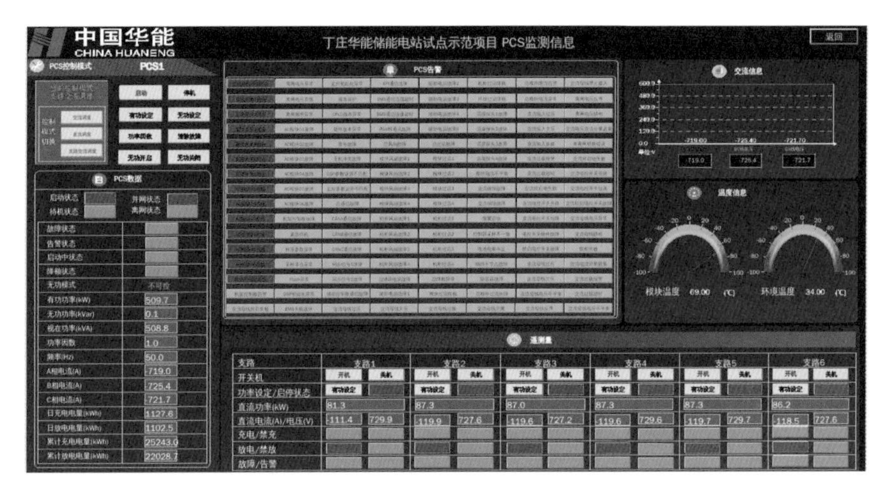

图 15-9　PCS 监测信息界面

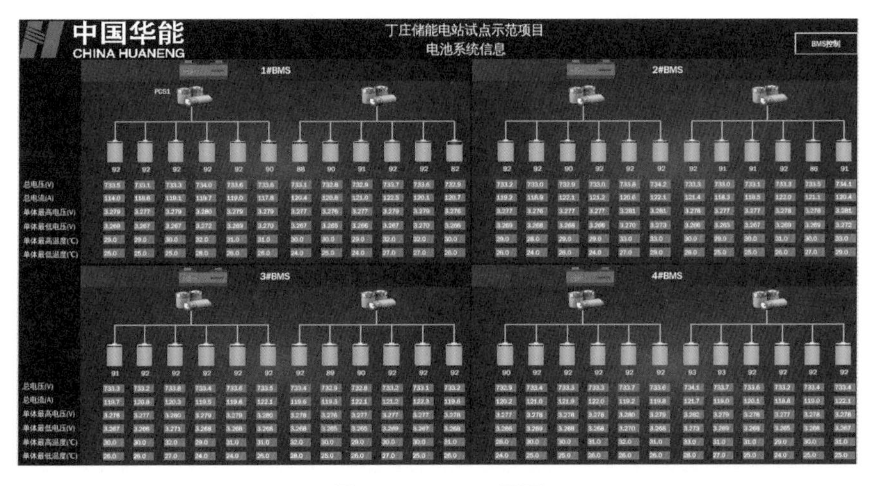

图 15-10　BMS 界面

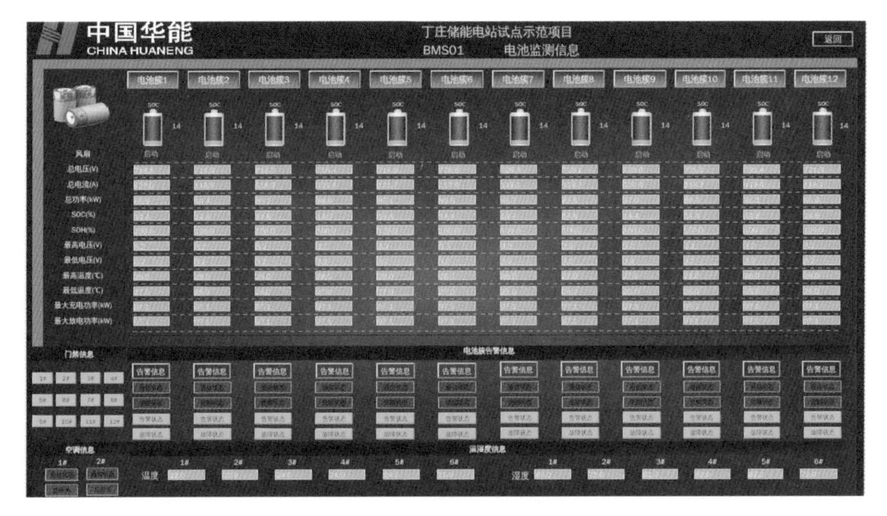

图 15-11　单组 BMS 界面

中国华能 CHINA HUANENG

丁庄储能电站

BMS01　电池簇1单体信息

名称	CSC1	CSC2	CSC3	CSC4	CSC5	CSC6	CSC7	CSC8	CSC9	CSC10	CSC11	CSC12	CSC13	CSC14
单体电压2(V)	3.275	3.276	3.274	3.275	3.277	3.275	3.273	3.271	3.273	3.275	3.276	3.276	3.277	3.275
单体电压4(V)	3.275	3.275	3.276	3.274	3.275	3.273	3.276	3.272	3.274	3.273	3.274	3.277	3.276	3.278
单体电压6(V)	3.275	3.275	3.276	3.276	3.274	3.273	3.273	3.273	3.276	3.276	3.275	3.277	3.276	3.275
单体电压8(V)	3.276	3.273	3.276	3.275	3.273	3.272	3.273	3.276	3.278	3.276	3.274	3.277	3.278	3.276
单体电压10(V)	3.276	3.273	3.274	3.273	3.273	3.271	3.272	3.276	3.275	3.275	3.276	3.278	3.274	3.276
单体电压12(V)	3.276	3.275	3.277	3.275	3.273	3.274	3.273	3.277	3.276	3.275	3.276	3.277	3.277	3.276
单体电压14(V)	3.276	3.274	3.277	3.274	3.274	3.274	3.275	3.275	3.275	3.273	3.275	3.277	3.276	3.277
单体电压16(V)	3.273	3.274	3.276	3.277	3.273	3.275	3.274	3.274	3.274	3.273	3.276	3.275	3.277	3.276
单体温度2(℃)	27	28	28	27	27	26	25	28	27	28	28	28	28	28
单体温度4(℃)	28	29	28	27	28	26	26	26	27	27	28	29	28	29
铜排温度2(℃)	27	28	28	27	28	27	27	26	25	26	27	28	28	28

图 15-12　BMS 单体界面

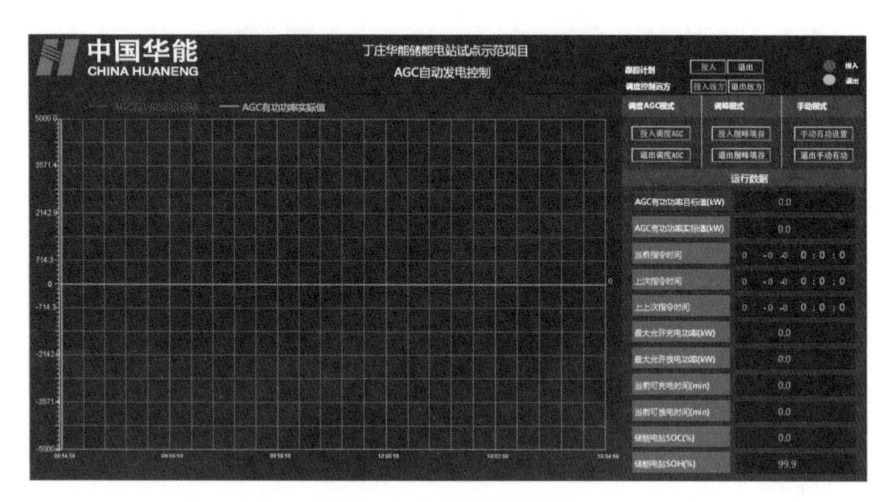

图 15-13　AGC 控制界面

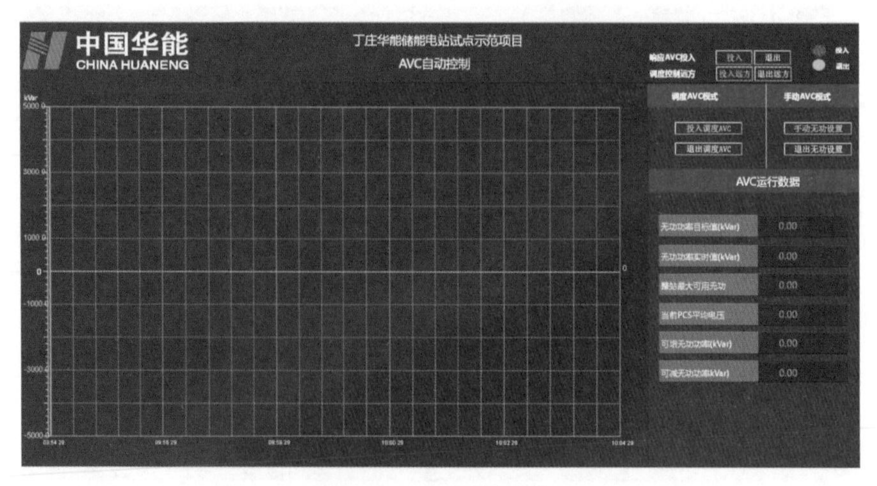

图 15-14　AVC 控制界面

15.3 电源侧－火储调频山西应用案例

15.3.1 项目简介

山西某电厂 2×300MW 发电机组，发电机组侧安装建设基于锂电池技术的 9MW/4.5MWh 电网级储能系统设施，该系统联合火力发电机组开展电网 AGC 调频业务，系统调频时按 9MW/2C 输出，AGC 调节迅速、准确，系统运行稳定，能够大幅提高火力发电厂发电机组 AGC 调频水平，电厂可通过对储能系统收取电费和分享 AGC 补偿获得收益。

15.3.2 AGC 调频控制结构

该项目 AGC 调频控制结构如图 15-15 所示。

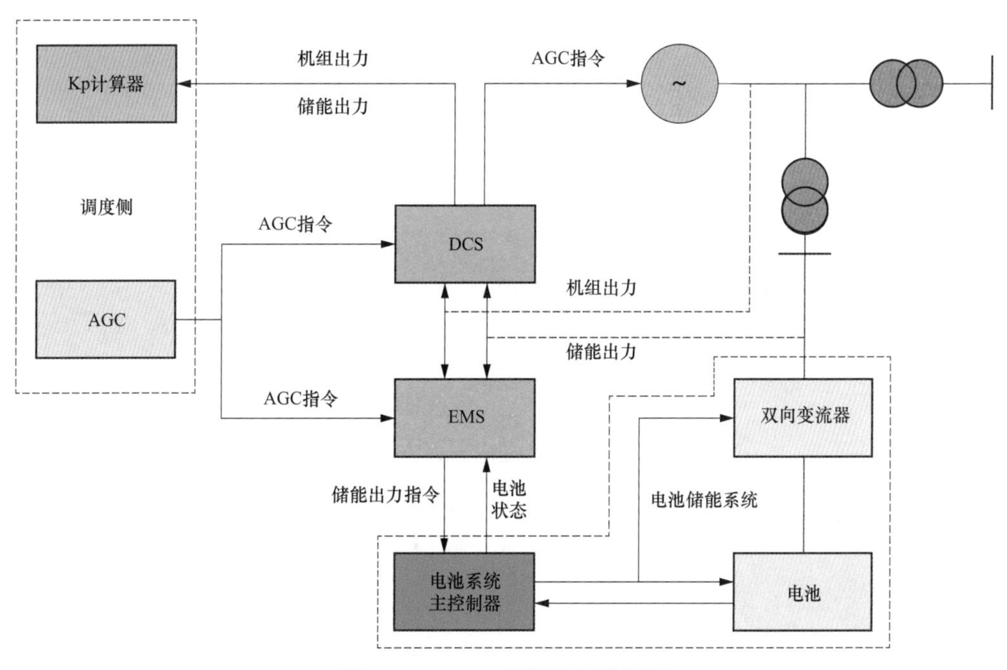

图 15-15　AGC 调频控制结构图

15.3.3 调频控制过程

（1）调度中心发送 AGC 指令到电厂远动装置。

（2）RTU 转发 AGC 指令至储能主控单元和电厂 DCS。

（3）储能主控单元根据 AGC 指令和机组运行状态信息，与机组协调出力。

15.3.4 系统界面

该项目的部分 EMS 界面如图 15-16~ 图 15-19 所示。

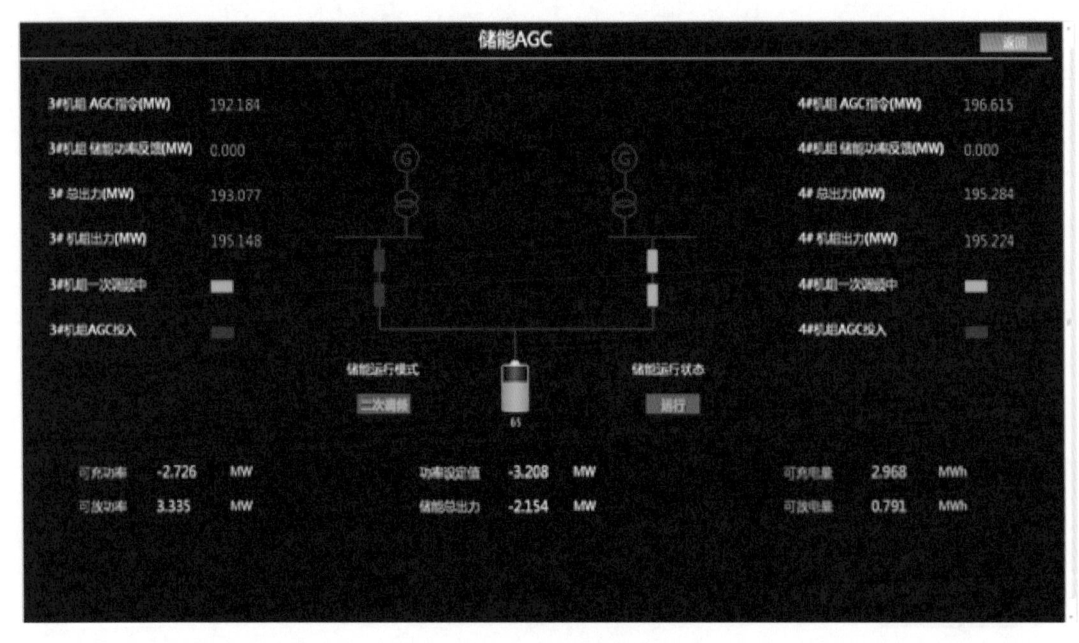

图 15-16　首页界面

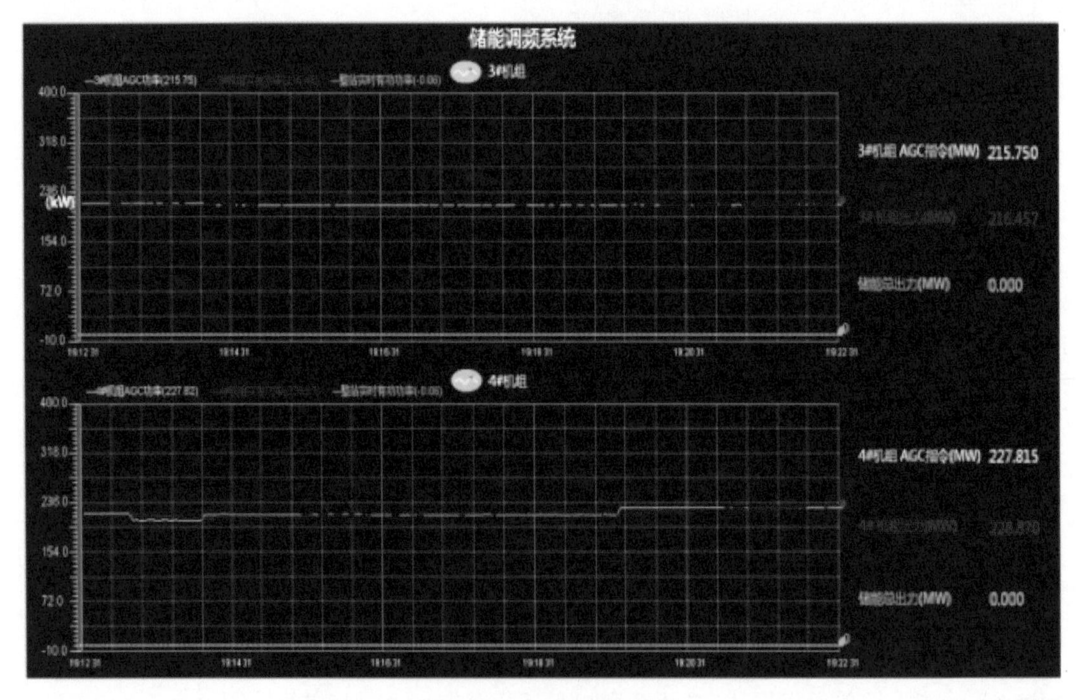

图 15-17　机组 AVG 界面

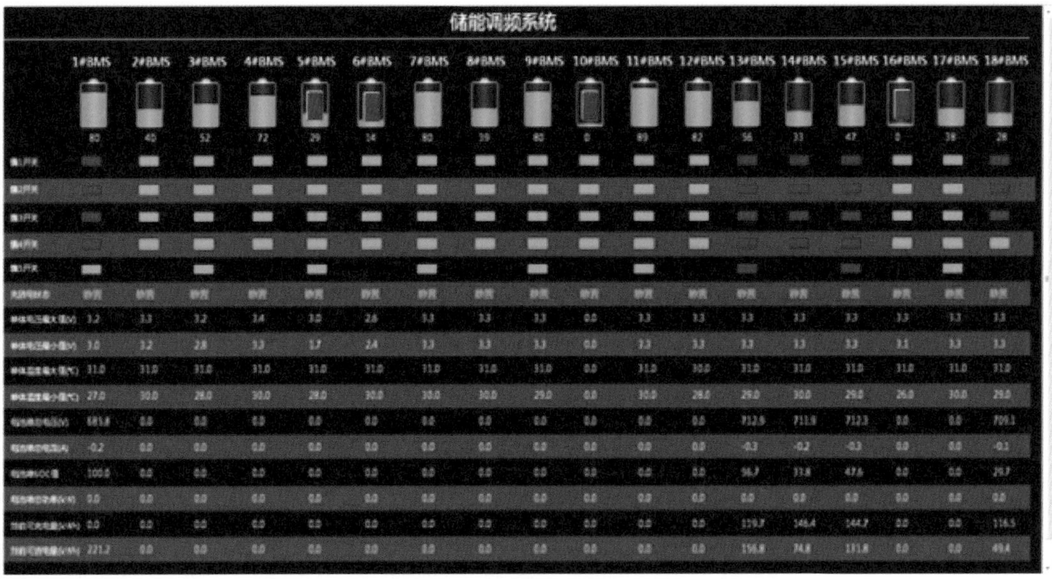

图 15-18 BMS 界面

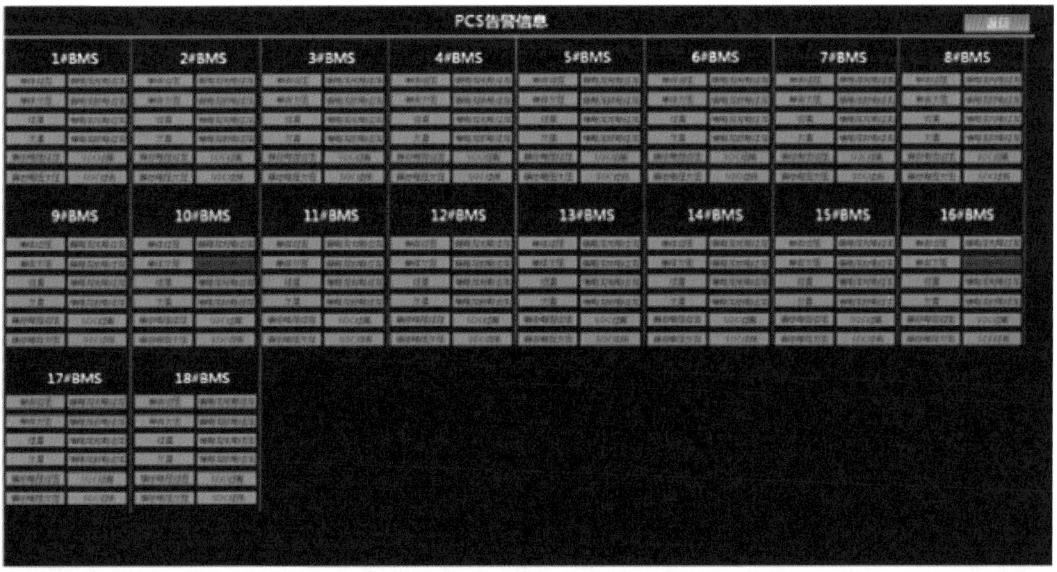

图 15-19 PCS 告警信息界面

15.4 电网侧 - 调峰调频应用案例——华能山东黄台储能项目

15.4.1 项目概述

山东济南黄台电厂在储能站新建 1 台 120MVA（220/35kV）升压主变压器，储能单元逆变升压后，经35kV集电线缆接入主变压器低压侧35kV配电装置。升压站220kV出线1回接至黄台电厂220kV变电站B站原6号主变压器配电间隔（现为备用），新建线路长度约为0.35km，拟采用400mm 2铜芯线缆。

15.4.2　现场基本情况

储能系统分为37套2.8MW储能单元。每个子单元内2台1.4MW PCS接入1台35kV 2800kVA干式升压变压器，变压器高压侧采用分段串接汇流接线（手拉手）。每个电池舱配置5.734MWh。每套储能单元以1回35kV电缆线路接入220kV升压变电站主变压器低压35kV母线。

15.4.3　EMS介绍

其中EMS作为总控平台，与站内的储能设备进行对接，将储能数据采集并显示出来，供站内工作人员对储能电站进行管理和运行维护；同时将部分数据转发给上级调度总监控平台，供上级系统制定调度策略，并接收上级系统的调度，根据调度命令对站内储能设备进行控制。EMS将储能站运行信息通过隔离装置发送给原电厂DCS总控系统，从而实现火力发电与储能综合监控，储能站无人值守，节省了人力。

15.4.4　系统界面

该项目的部分EMS界面如图15-20~图15-27所示。

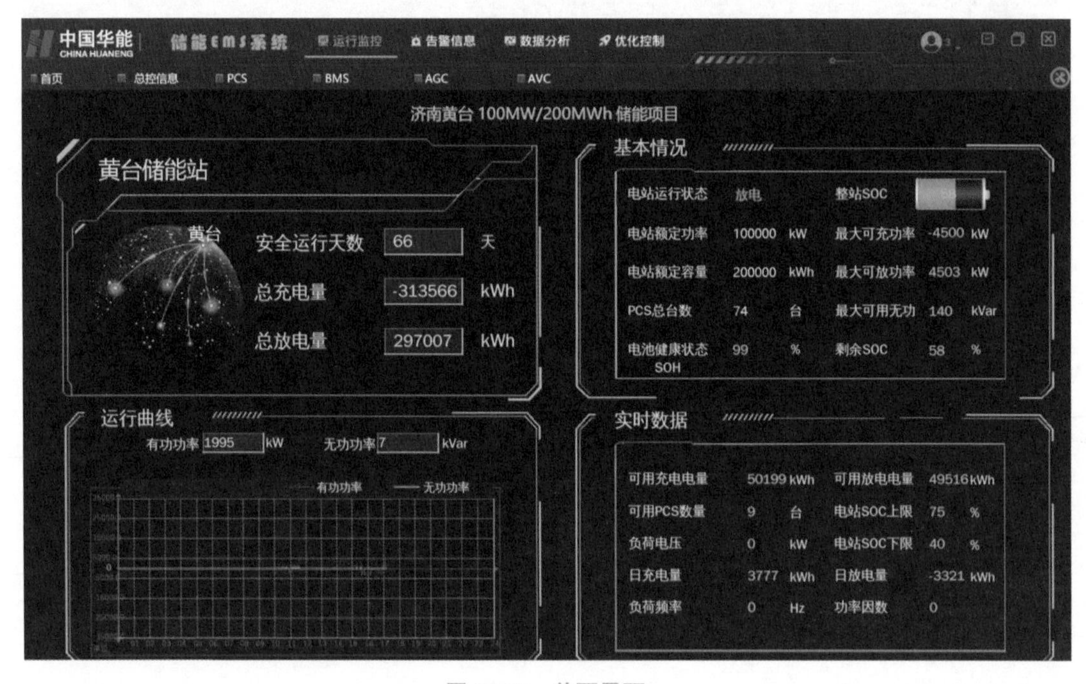

图15-20　首页界面

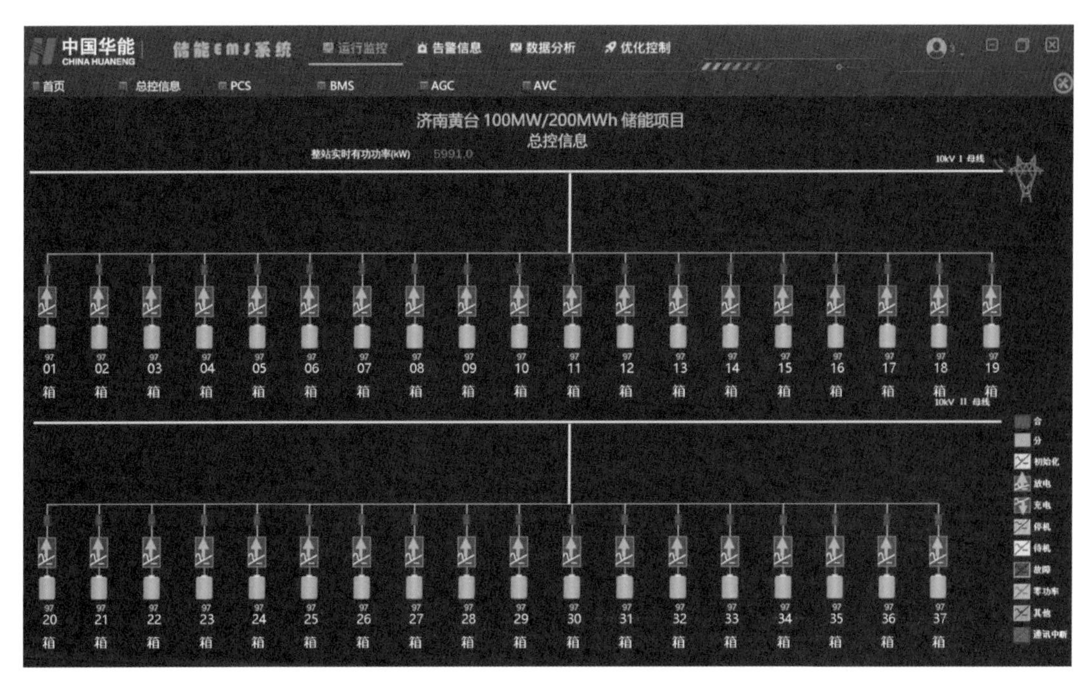

图 15-21　总控信息界面

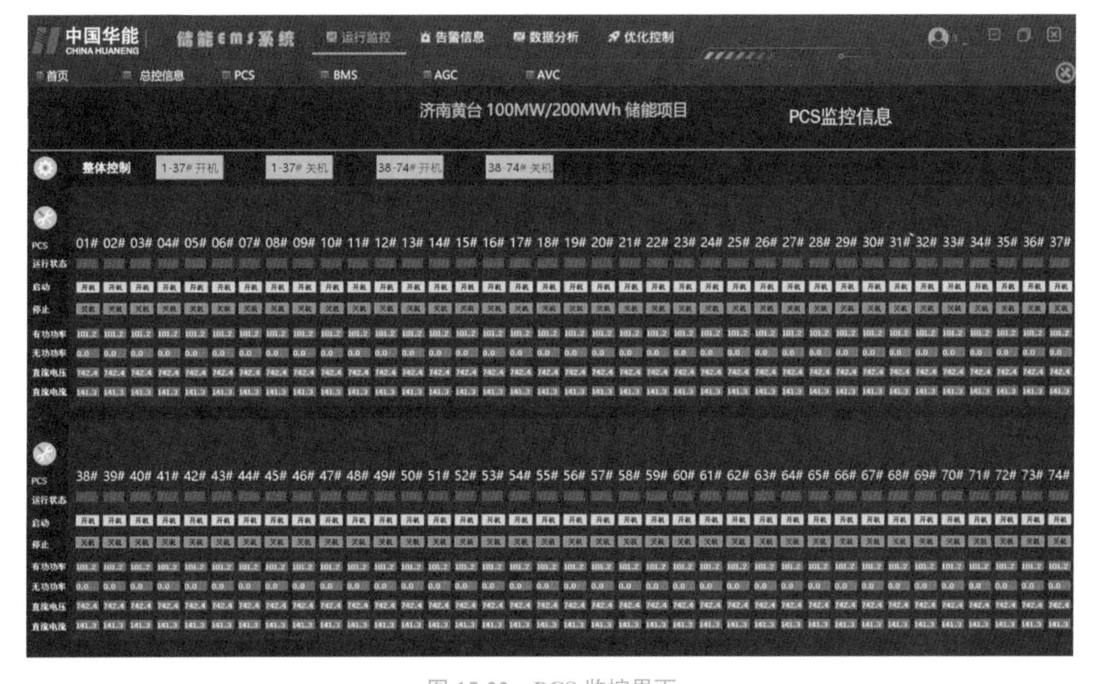

图 15-22　PCS 监控界面

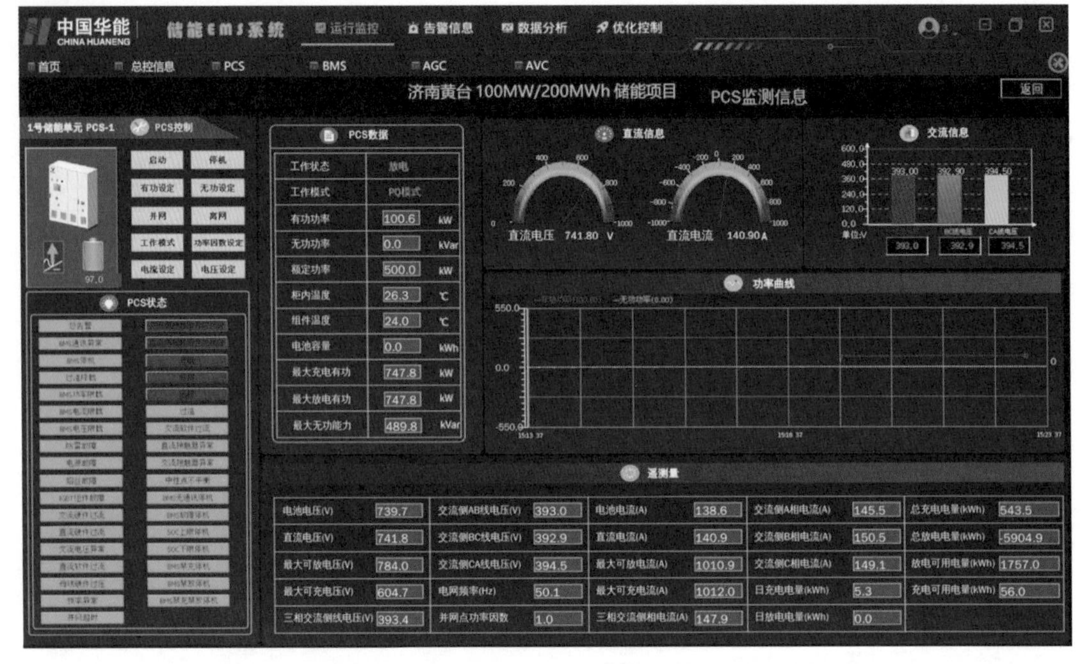

图 15-23　PCS 监测界面

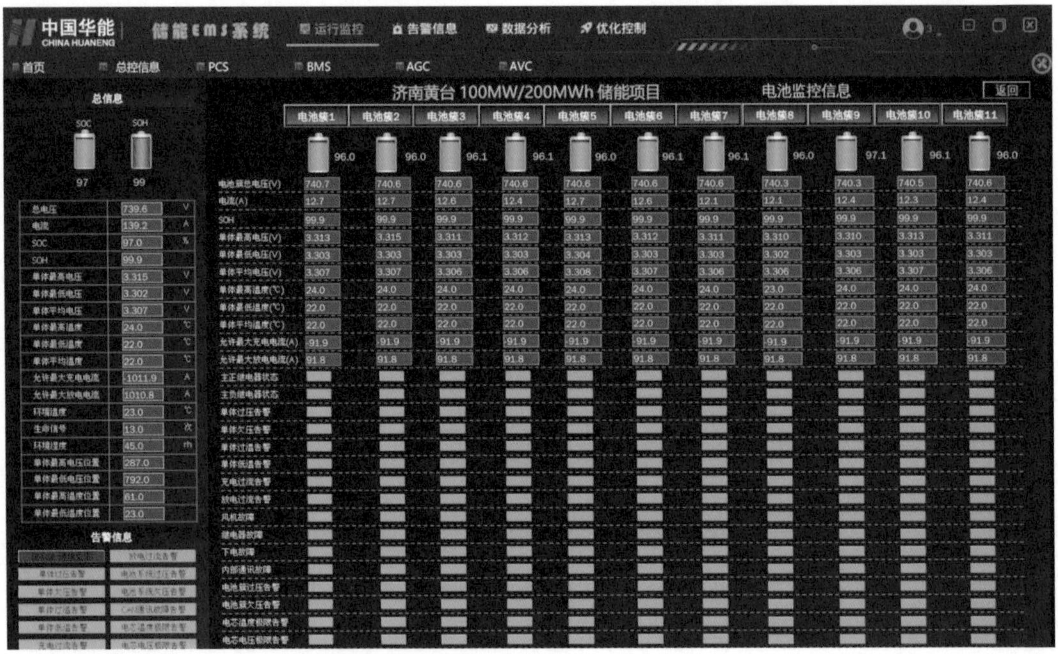

图 15-24　单组 BMS 界面

中国华能 CHINA HUANENG　储能EMS系统　运行监控　告警信息　数据分析　优化控制

首页　总控信息　PCS　BMS　AGC　AVC

济南黄台 100MW/200MWh 储能项目

1箱　5#BMS电池簇2单体信息　返回

	SBMU1	SBMU2	SBMU3	SBMU4	SBMU5	SBMU6	SBMU7	SBMU8	SBMU9	SBMU10	SBMU11	SBMU12	SBMU13	SBMU14	SBMU15	SBMU16
[illegible]	[illegible]	[illegible]	[illegible]	[illegible]	[illegible]	[illegible]	[illegible]	[illegible]	[illegible]	[illegible]	[illegible]	[illegible]	[illegible]	[illegible]	[illegible]	[illegible]
单体电压2(V)	3.312	3.308	3.308	3.309	3.307	3.311	3.310	3.306	3.309	3.309	3.308	3.308	3.308	3.307	3.313	3.308
[illegible]	[illegible]	[illegible]	[illegible]	[illegible]	[illegible]	[illegible]	[illegible]	[illegible]	[illegible]	[illegible]	[illegible]	[illegible]	[illegible]	[illegible]	[illegible]	[illegible]
单体电压4(V)	3.312	3.306	3.308	3.310	3.308	3.308	3.311	3.307	3.308	3.309	3.307	3.307	3.308	3.308	3.308	3.308
[illegible]	[illegible]	[illegible]	[illegible]	[illegible]	[illegible]	[illegible]	[illegible]	[illegible]	[illegible]	[illegible]	[illegible]	[illegible]	[illegible]	[illegible]	[illegible]	[illegible]
单体电压6(V)	3.312	3.307	3.308	3.309	3.307	3.309	3.311	3.308	3.307	3.309	3.306	3.307	3.308	3.308	3.308	3.307
[illegible]	[illegible]	[illegible]	[illegible]	[illegible]	[illegible]	[illegible]	[illegible]	[illegible]	[illegible]	[illegible]	[illegible]	[illegible]	[illegible]	[illegible]	[illegible]	[illegible]
单体电压8(V)	3.311	3.305	3.306	3.304	3.307	3.306	3.311	3.307	3.306	3.308	3.306	3.302	3.306	3.305	3.305	3.304
[illegible]	[illegible]	[illegible]	[illegible]	[illegible]	[illegible]	[illegible]	[illegible]	[illegible]	[illegible]	[illegible]	[illegible]	[illegible]	[illegible]	[illegible]	[illegible]	[illegible]
单体电压10(V)	3.311	3.306	3.308	3.308	3.306	3.309	3.311	3.306	3.308	3.308	3.309	3.307	3.308	3.307	3.310	3.306
[illegible]	[illegible]	[illegible]	[illegible]	[illegible]	[illegible]	[illegible]	[illegible]	[illegible]	[illegible]	[illegible]	[illegible]	[illegible]	[illegible]	[illegible]	[illegible]	[illegible]
单体电压12(V)	3.313	3.305	3.310	3.309	3.307	3.309	3.313	3.304	3.308	3.311	3.308	3.306	3.308	3.308	3.308	3.307
[illegible]	[illegible]	[illegible]	[illegible]	[illegible]	[illegible]	[illegible]	[illegible]	[illegible]	[illegible]	[illegible]	[illegible]	[illegible]	[illegible]	[illegible]	[illegible]	[illegible]
单体电压14(V)	3.311	3.309	3.307	3.308	3.309	3.309	3.312	3.307	3.308	3.307	3.312	3.308	3.306	3.307	3.309	3.311
单体温度1(℃)	23	22	23	23	23	23	23	22	23	23	23	22	23	22	23	23
单体温度2(℃)	23	23	22	22	22	22	22	22	22	22	22	22	22	22	23	23
单体温度3(℃)	23	22	22	22	22	22	22	22	22	22	22	22	22	22	23	23
单体温度4(℃)	23	23	22	22	22	22	22	22	22	22	22	22	22	22	22	23

图 15-25　BMS 单体界面

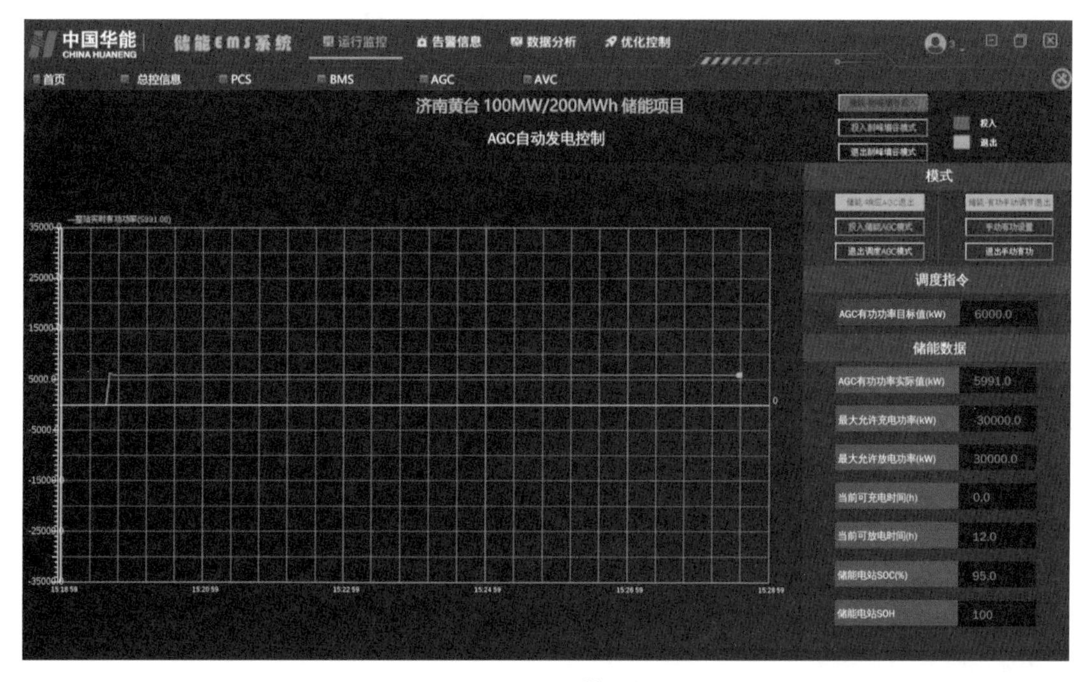

图 15-26　AGC 控制界面

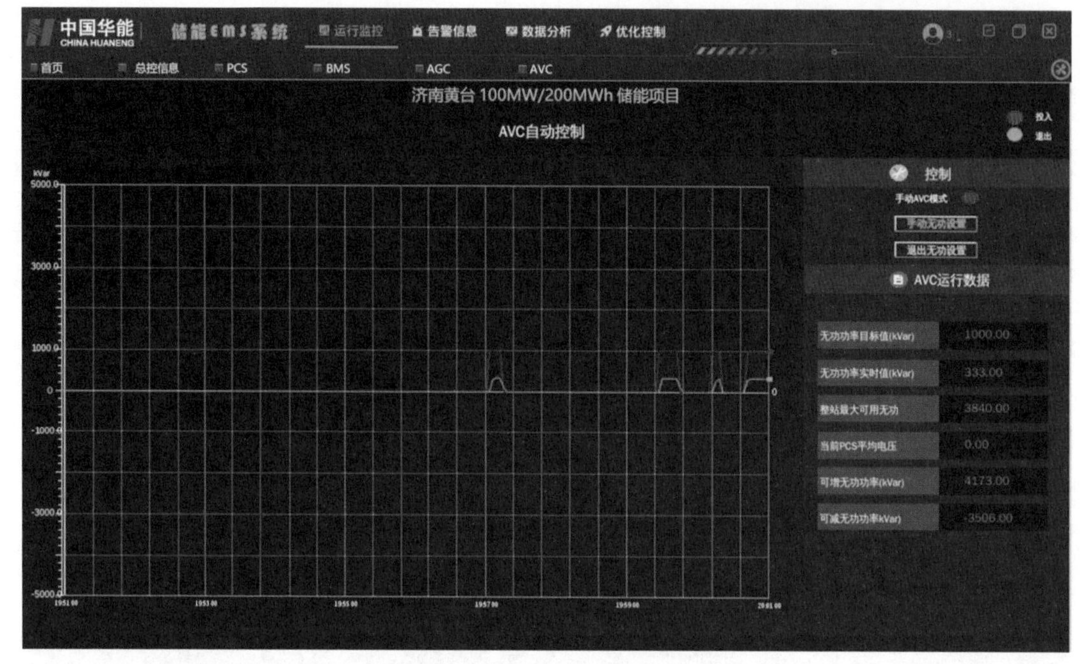

图 15-27　AVC 控制界面

15.5　用户侧－风光储充应用案例

15.5.1　项目概述

该项目为园区光伏、储能、充电桩一体化项目，监控系统采集数据设备为 1 台 20kW 组串逆变器、锂电池、BMS、PCS、充电桩。

实现功能：站内和远程读取数据，计算机和手机 App 端可以读取数据。监控界面除显示设备基本运行数据外，还有相应的曲线图，历史数据可查询下载。并网电源停电时能够保持记录电池等设备的性能数据。

该项目储能 EMS 采用 B/S 架构，有配套的手机 App。

15.5.2　运行控制策略

光伏优先给充电桩使用，用不完时余电给食堂负载使用；光伏发电量不足时，如负载运行处于平价时段则由市电补充，如处于峰值端则由储能补充；谷时间段给储能充电，储能未放完电量在 17：00~21：00 峰值端全部放完；在电网停电时，切换为离网工作运行状态储能给充电桩供电。

15.5.3 拓扑图

该项目 EMS 拓扑图如图 15-28 所示。

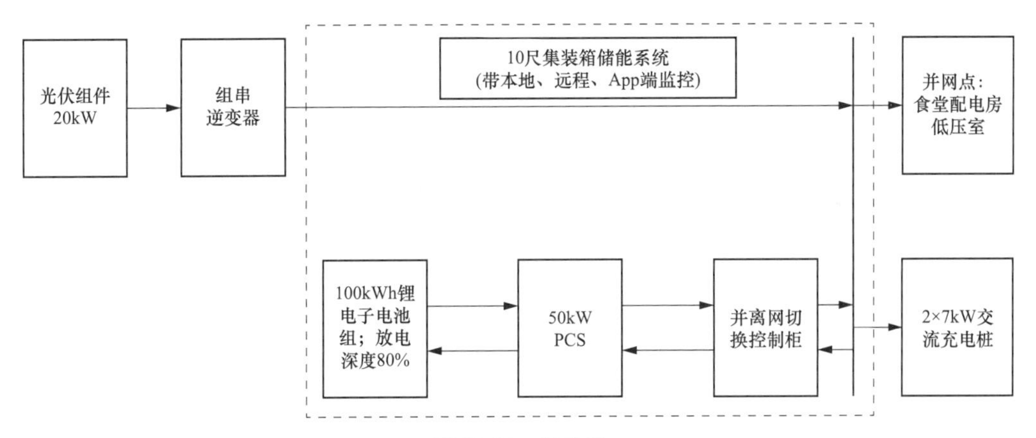

图 15-28 拓扑图

注：10 尺集装箱的大小为 2991mm × 2438mm × 2591mm。

15.5.4 系统界面

该项目的部分 EMS 界面如图 15-29~ 图 15-33 所示。

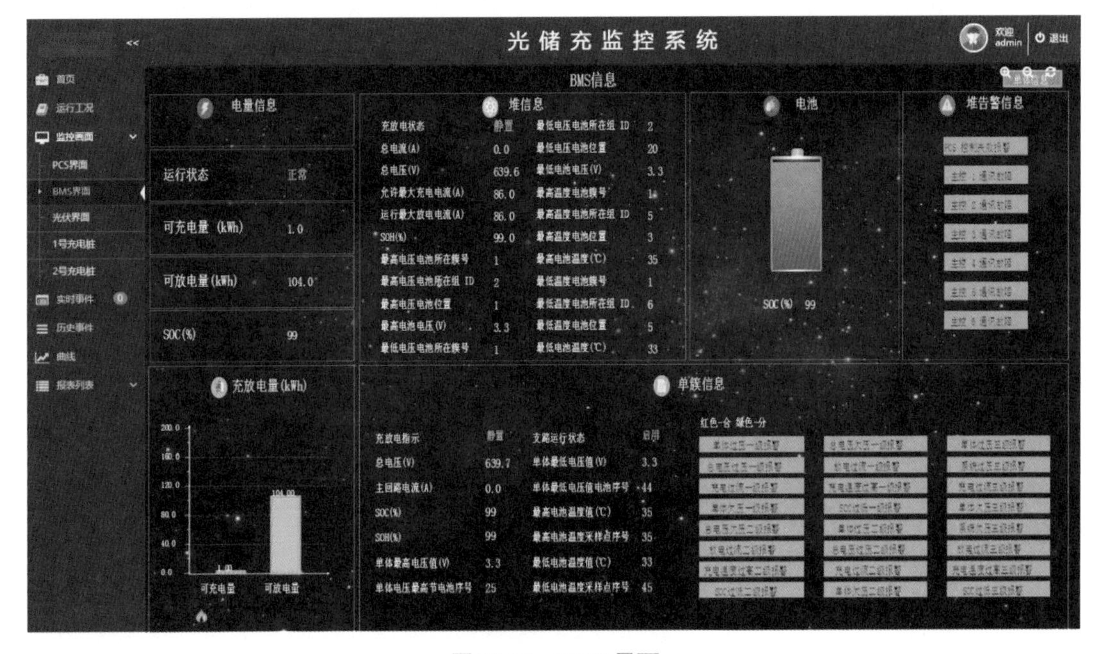

图 15-29 BMS 界面

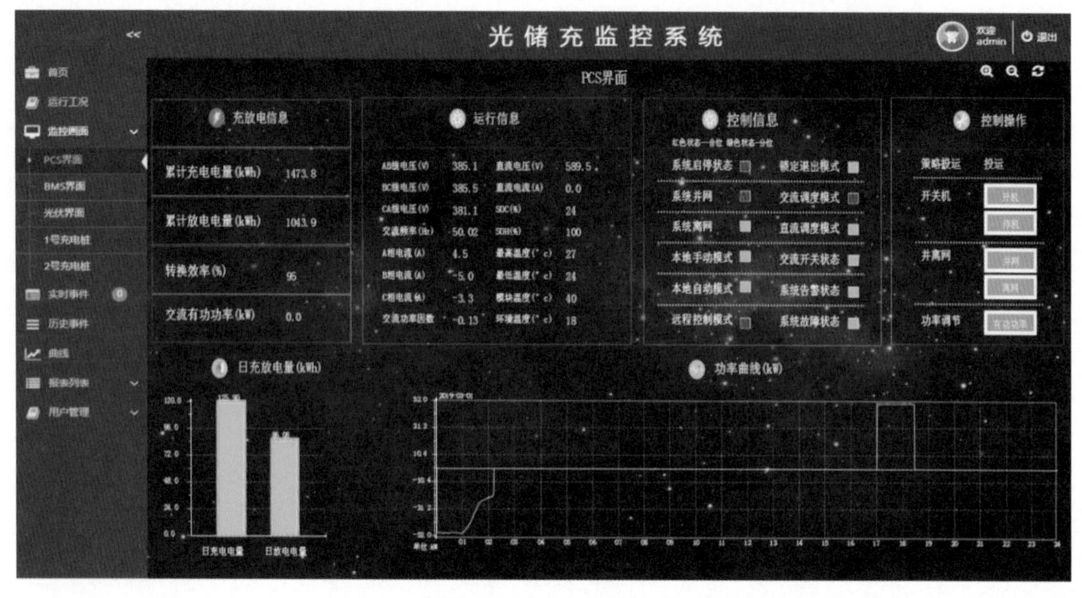

图 15-30　PCS 界面

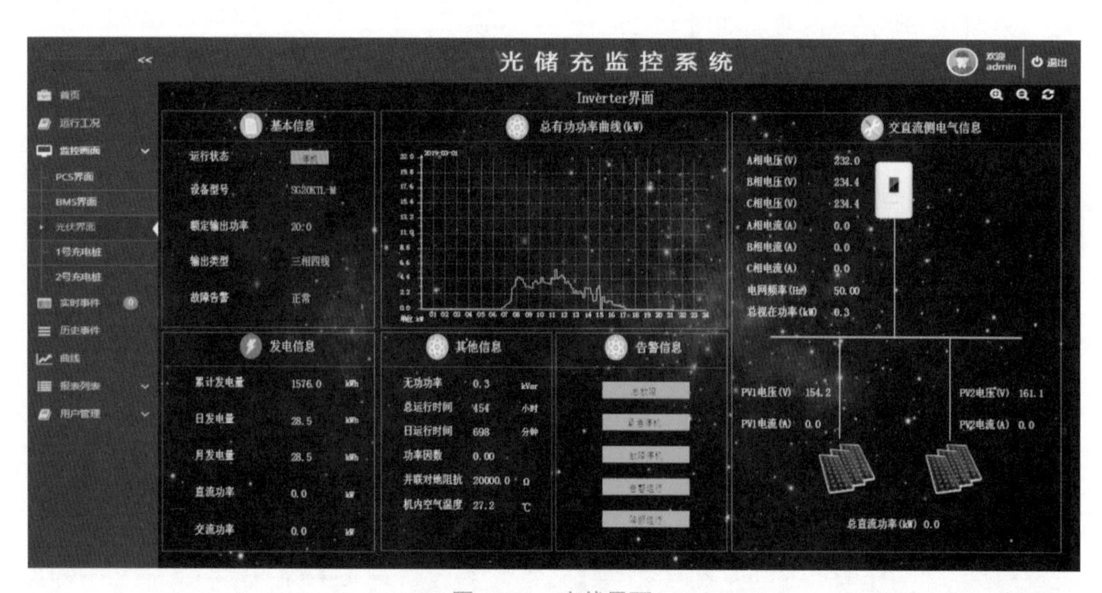

图 15-31　光伏界面

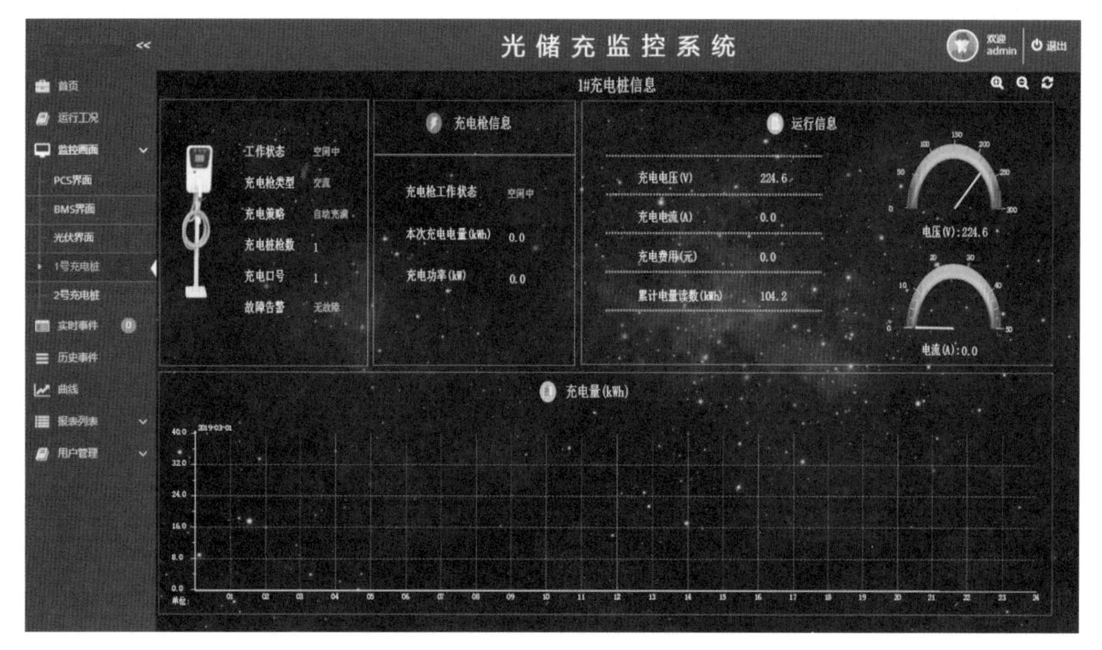

光储充监控系统
欢迎 admin
退出
首页
运行工况
监控画面
PCS界面
BMS界面
光伏界面
1号充电桩
2号充电桩
实时事件
历史事件
曲线
报表列表
用户管理
1#充电桩信息
工作状态 空闲中
充电枪类型 交流
充电策略 自动充满
充电桩枪数 1
充电口号 1
故障告警 无故障
充电枪信息
充电枪工作状态 空闲中
本次充电电量(kWh) 0.0
充电功率(kW) 0.0
运行信息
充电电压(V) 224.6
充电电流(A) 0.0
充电费用(元) 0.0
累计电量读数(kWh) 104.2
电压(V):224.6
电流(A):0.0
充电量(kWh)
2019-03-01

图 15-32　充电桩界面

附录

储能 EMS 相关标准

标准号	标准名称
GB/T 11032	交流无间隙金属氧化物避雷器
GB/T 12325	电能质量　供电电压允许偏差
GB/T 12326	电能质量　电压波动和闪变
GB/T 13384	机电产品包装通用技术条件
GB/T 14048.1	低压开关设备和控制设备　第 1 部分：总则
GB/T 14285	继电保护和安全自动装置技术规程
GB/T 14537	量度继电器和保护装置的冲击与碰撞试验
GB/T 14549	电能质量　公用电网谐波
GB/T 14598.26	量度继电器和保护装置　第 26 部分：电磁兼容要求
GB/T 14598.27	量度继电器和保护装置　第 27 部分：产品安全要求
GB/T 14598.3	电气继电器　第 5 部分：量度继电器和保护装置的绝缘配合要求和试验
GB/T 15543	电能质量　三相电压不平衡
GB/T 15945	电能质量　电力系统频率偏差
GB/T 17626.8	电磁兼容　试验和测量技术　工频磁场抗扰度试验
GB/T 18657.5	远动设备及系统　第 5 部分：传输规约　第 5 篇：基本应用功能
GB/T 191	包装储运图示标志
GB/T 2423.10	环境试验　第 2 部分：试验方法　试验 Fc：振动（正弦）
GB/T 2423.1	电工电子产品环境试验　第 2 部分：试验方法　试验 A：低温
GB/T 2423.2	电工电子产品环境试验　第 2 部分：试验方法　试验 B：高温
GB/T 2423.3	环境试验　第 2 部分：试验方法　试验 Cab：恒定湿热试验
GB/T 2423.7	环境试验　第 2 部分：试验方法　试验 Ec：粗率操作造成的冲击（主要用于设备型样品）
GB/T 24337	电能质量　公用电网间谐波
GB/T 2887	计算站场地通用规范
GB/T 2900.11	电工术语　原电池和蓄电池

续表

标准号	标准名称
GB/T 3859.1	半导体变流器　通用要求和电网换相变流器　第 1-1 部分：基本要求的规定
GB/T 3859.2	半导体变流器　通用要求和电网换相变流器　第 1-2 部分：应用导则
GB/T 3859.3	半导体变流器　通用要求和电网换相变流器　第 1-3 部分：变压器和电抗器
GB/T 4026	人机界面标志标识的基本和安全规则　设备端子、导体终端和导体的标识
GB/T 4208	外壳防护等级（IP 代码）
GB 17799.3	电磁兼容　通用标准 居住、商业和轻工业环境中的发射
GB 17799.4	电磁兼容　通用标准 工业环境中的发射
GB 20840.2	互感器　第 2 部分：电流互感器的补充技术要求
GB 20840.3	互感器　第 3 部分：电磁式电压互感器的补充技术要求
GB 21966	锂原电池和蓄电池在运输中的安全要求
GB 50054	低压配电设计规范
GB 50171	电气装置安装工程　盘、柜及二次回路接线施工及验收规范
GB 51048	电化学储能电站设计规范
GB 7251.1	低压成套开关设备和控制设备　第 1 部分 : 总则
IEC 60870-5-101	远动设备及系统传输现约基本远动任务配套标准
IEC 60870-5-102	电力系统中传输电能脉冲计数量配套标准
IEC 60870-5-103	远动设备及系统传输规约保护通信配套标准
IEC 60870-5-104	远动网络传输规约
NB/T 31016	电池储能功率控制系统　变流器　技术规范
NB/T 33014	电化学储能系统接入配电网运行控制规范
NB/T 33015	电化学储能系统接入配电网技术规定
NB/T 33016	电化学储能系统接入配电网测试规程
NB/T 42089	电化学储能电站功率变换系统技术规范
NB/T 42090	电化学储能电站监控系统技术规范
NB/T 42091	电化学储能电站用锂离子电池技术规范
Q/GDW 194	电池储能系统变流器试验规程
Q/GDW 564	储能系统接入配电网技术规定
Q/GDW 696	储能系统接入配电网运行控制规范
Q/GDW 1564	储能系统接入配电网技术规定

续表

标准号	标准名称
Q/GDW 1884	储能电池组及管理系统技术规范
Q/GDW 1885	电池储能系统储能变流器技术条件
QC/T 734	电动汽车用锂离子蓄电池
DL/T 478	继电保护及安全自动装置通用技术条件
DL/T 5002	地区电网调度自动化设计技术规程
DL/T 5003	电力系统调度自动化设计规程
DL/T 5103	35kV ~ 220kV 无人值班变电站设计规程
DL/T 5137	电测量及电能计量装置设计技术规程
DL/T 527	继电保护及控制装置电源模块（模件）技术条件
DL/T 5429	电力系统设计技术规程
DL/T 620	交流电气装置的过电压保护和绝缘配合
DL/T 634.5104	远动设备及系统　第 5-104 部分：传输规约　采用标准传输协议集的 IEC 60870-5-101 网络访问
DL/T 645	多功能电能表通信协议
DL/T 860	电力自动化通信网络和系统（所有部分）